ほかのお客さんも次々にやってきます。
そして、多くの人がペンギンを見た瞬間
心の声が漏れ出るように。
『かわいい！』と言ってしまうのです。

そんなペンギンの魅力を探ります。
知っているようで知らない生態や繁殖の話や
日本中の飼育員、獣医師
研究者から聞いた最新の知見も盛り込みました。

# CONTENTS

# はじめまして

エンペラーペンギン

キングペンギン

アデリーペンギン

ヒゲペンギン

ジェンツーペンギン

マカロニペンギン

# こんなに
# 種類いっぱい

キタイワトビペンギン

ミナミイワトビペンギン

フンボルトペンギン

ケープペンギン

マゼランペンギン

コガタペンギン

かわいくて

おもしろくて

骨太マッチョで
たくましい！

泳ぎは超速

# ペンギンのすべて
# お見せします！

# 1章

# 日本で会えるペンギン
# 全12種コンプリートガイド

世界に18種いるペンギンのうち、日本では12種が飼育されています。
全部知っている人も知らない人も、ここで一度おさらいしましょう。
ヒナの写真付きでご紹介！

ヒナの日齢には、孵化日を「生後0日」または「生後1日」とする数え方があります。
本書では各水族館・動物園での記録・ルールに基づいた表記を掲載しています。

# 種の分布がわかる世界マップ

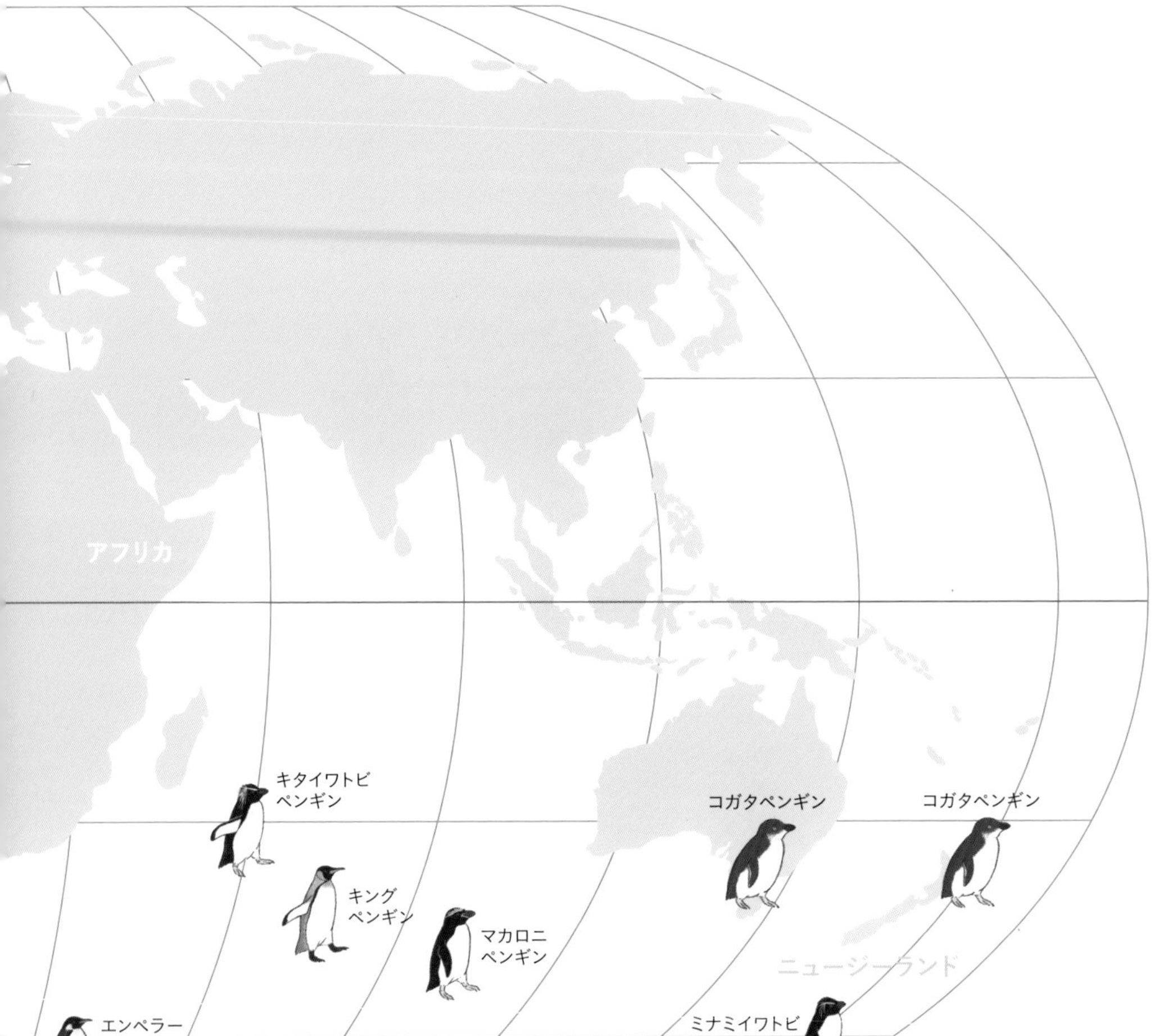


**アデリーペンギン属**

**ジェンツー**
**ペンギン➡P28**

**ヒゲペンギン**
**➡P25**

**アデリー**
**ペンギン➡P22**

**キングペンギン属**

**キングペンギン**
**➡P18**

**エンペラー**
**ペンギン➡P14**

**南極だけ**
**じゃない！**

# 日本で会えるペンギン全12

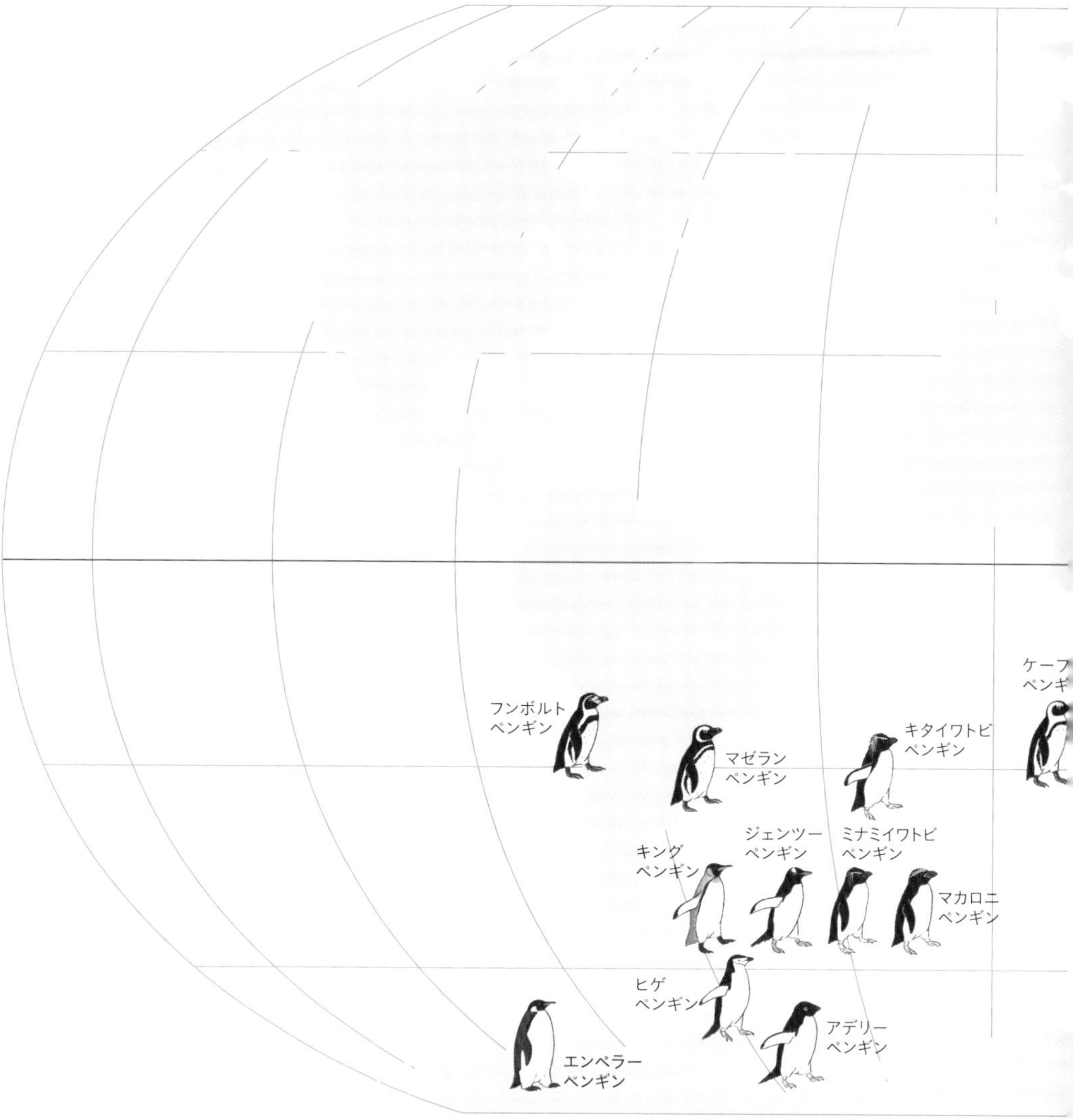


**コガタペンギン属**

コガタペンギン
➡P50

**フンボルトペンギン属**

マゼラン
ペンギン➡P46

ケープペンギン
➡P42

フンボルト
ペンギン➡P38

**マカロニペンギン属**

ミナミイワトビ
ペンギン➡P36

キタイワトビ
ペンギン➡P34

マカロニ
ペンギン➡P32

写真提供:名古屋港水族館

# 世界最大サイズで圧倒的な存在感
# エンペラーペンギン

## 威厳ある姿とかわいい歩き姿のギャップに萌え

エンペラーペンギンは、世界最大のペンギン。頭や背、羽は青みがかった灰~黒色で、耳のあたりにオレンジ色の斑紋《はんもん》（模様）があり、のど・胸に向かって薄くなります。

キングペンギン（P18）にも斑

**基本データ**

【和名】エンペラーペンギン

【英名】Emperor penguin

【学名】*Aptenodytes forsteri*

**身体データ**

【体長】約120cm

【体重】23～45kg

# 体のパーツをじっくりチェック

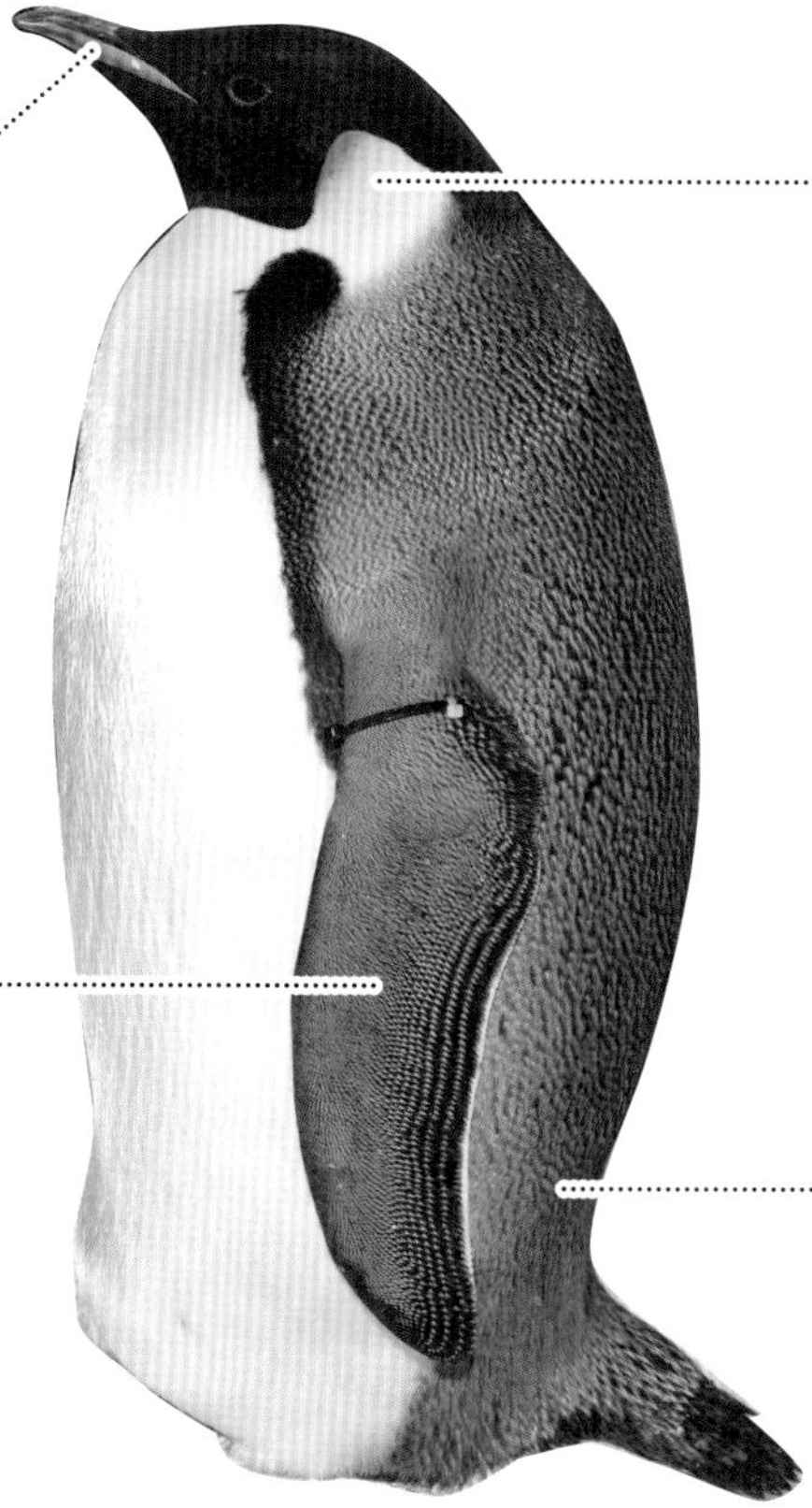

### クチバシ

全体的に黒く、下クチバシ付け根に黄～オレンジ色の角質のような下嘴板（かしばん）がある。

### フリッパー

同属のキングと比べて、フリッパーは短め。体からの熱放出を減らし、寒い南極の環境に適応。

写真提供:名古屋港水族館

### 耳

鳥類の耳は穴状で、羽毛に覆われる。エンペラーは耳の上あたりにオレンジ系の斑紋がある。

### 斑紋《はんもん》

首を伸ばし気味にすると、斑紋が胸の白色から途切れずつながっていることがわかる。

### 体色

頭～首、背中、尾羽、フリッパーの外側は灰～黒色。フリッパーの内側と腹側の羽は白色。

紋がありますが、エンペラーのほうが色は淡め。また、キングはコンマ形（❜）に一方が閉じた斑紋で、エンペラーは胸の白色からつながるソラマメのような形（ツウは〝腎臓型〟と呼ぶ）と、微妙な違いも興味深いところです。

エンペラーは南極大陸に分布する極地の生き物のため、飼育できる施設は限られます。日本ではアドベンチャーワールド（和歌山県）と名古屋港水族館（愛知県）だけでしか見られません。

ボリューム感のある体は威厳たっぷりで動きも優雅（動かないことも多いですが）。スタスタ走り回ったり、ピョンピョン飛び回ったりせず、足を交互に出してのんびり歩く様子はカワイイ。でも、生息地の南極では、ソリのようになって、氷上で軽快な腹すべり（トボガン）をするそうです。

# エンペラー おもしろショット集

動きがゆっくりなので気長に観察するのがポイント。
食事の時間に活発に動くところが見られるかも。

## 動きはゆっくり!?

寒さに適応し、エネルギーを無駄にしないライフスタイル。歩き回ったり、派手な動きをしたり、体勢を変えたりはあまりしない。

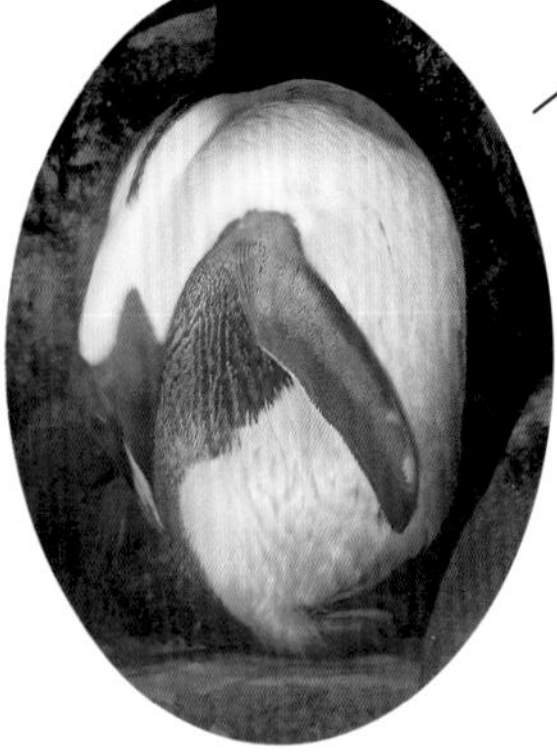

## 全身の羽づくろい

首をぐっと伸ばし全身の羽づくろい。尾羽の付け根あたりから脂が出るのでそれを全身にぬりぬり。こうすることで防水性能が向上！

## 上陸！

水面から陸上に向かって勢いよく飛び出して上陸。大きな体なのに軽い身のこなし！

## 魚ありがとう

お腹を地面につけてソリのようなポーズになることも。雪や氷の上ではこの姿勢のままスイスイ進める（トボガンと呼ぶ）。

## 腹すべりできる♪

## タマゴからどう育つ？

# エンペラーすくすく成長日記

ペンギン飼育種数、エンペラーの繁殖実績で注目されるアドベンチャーワールド。
希少な成長の記録写真をお借りしました。

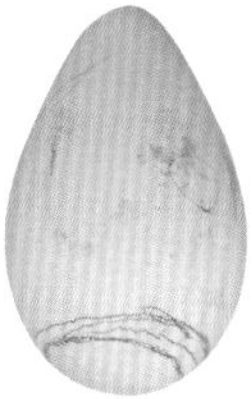

卵

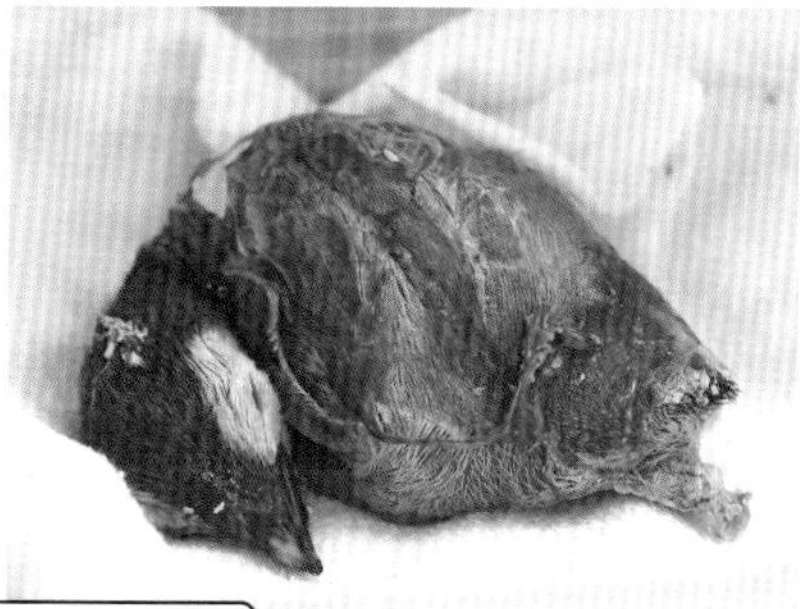

ヒナ：生後2日

ヒナ：生後47日

ヒナ：生後179日

◆**卵**：12.4cm、短径8.5cm。卵は2021年7月29日に生まれ、10月1日に孵化。
◆**ヒナ**（**生後2日**）：2021年10月2日の様子。
◆**ヒナ**（**生後47日**）：2021年11月17日の様子。
◆**ヒナ**（**生後179日**）：2022年3月28日の様子。

アドベンチャーワールドでは、ペンギンの繁殖研究に注力。ヒナが生まれると、体に力の付きはじめる体重（500gぐらい）まで人の手で育て、親鳥のもとへ返す「初期人工育雛（いくすう）」を行うことも。ヒナは生後約3か月まで綿羽というフワフワの羽に包まれています。その後、換羽を経て、水を弾く大人の羽へと生えかわっていきます。

写真提供：アドベンチャーワールド

# 水中でも地上でも優美な姿
# キングペンギン

### 基本データ

【和名】キングペンギン
【英名】King penguin
【学名】*Aptenodytes patagonicus*

### 身体データ

【体長】約90cm
【体重】10～16kg

## スラッとスリムで モフモフヒナも大人気

キングペンギンはエンペラーペンギンに次いで、世界で2番めに大きなペンギン。エンペラーとの見分けは前のページで紹介した斑《はん》紋《もん》のほか、スリムな体形でも見分けられます。また、キングはエン

## 体のパーツをじっくりチェック

### クチバシ

細く、下向きに曲がる。ペンギンの中でもっともクチバシが長い。オレンジ色のラインが美麗。

### 目

色は黒、茶色など。周りの羽に同化して目立ちにくいが外に見える眼球部分が大きくて、目尻と目頭が切れ長。

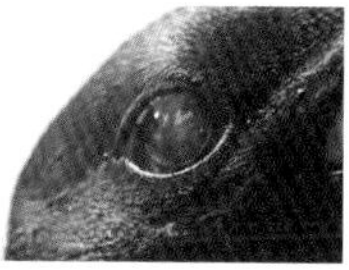

### フリッパー

長く立派なフリッパーで、体に対する割合は大きめ。外側は黒系で、内側はくすんだ白色系。

### 斑紋《はんもん》

エンペラー同様、耳の上あたりに斑紋あり。鮮やかな黄色は異性へのアピールになると考える説もある。

### 足

エンペラーとは異なり、キングの足は羽毛が覆わずむき出し。がっしり太く、体重をしっかり支える。

ペラーと比べて、フリッパーやクチバシが大きめで、「アレンの法則」（恒温動物は寒冷地方ほど耳などの突出部が小さくなる、逆も同様）の通りです。

　生息地は、エンペラーのすむ極寒の南極大陸とはまったく異なる亜南極圏の島々など。水族館や動物園でも多く飼育されています。夏は冷房の利いた部屋に移動しますが、それ以外の季節は屋外の展示場で間近に見られるところも少なくありません。

　北海道や東北など、寒冷地の園館では冬に展示場の外を歩かせるイベントを行うところもあります。

　ペンギンにとって散歩の楽しみや健康促進効果があるだけでなく、私たちペンギンファンにとっては間近で見られるチャンスです。

　美しいキングは雪景色にとっても映えるんです。

# キング おもしろショット集

見た目が美しいだけでなく、おもしろい
動きやしぐさを見せてくれるペンギンです。

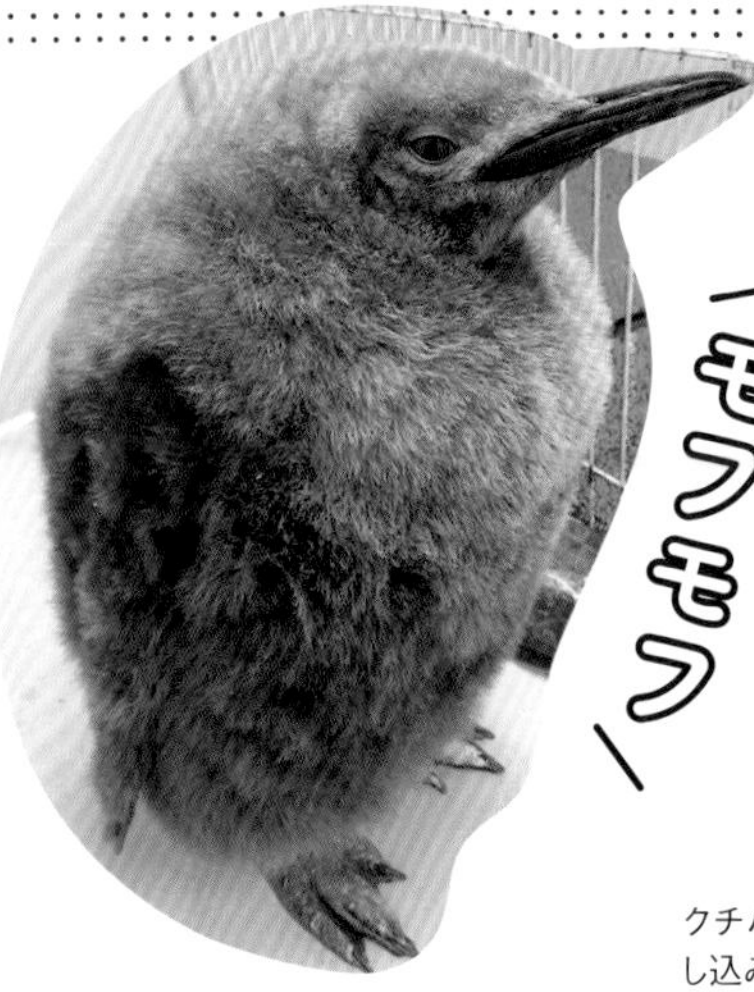


ヒナは一時期、親よりも大きく成長し、巨大キウイのようになる。大きすぎて二度見する人は少なくない。(仙台うみの杜水族館提供)

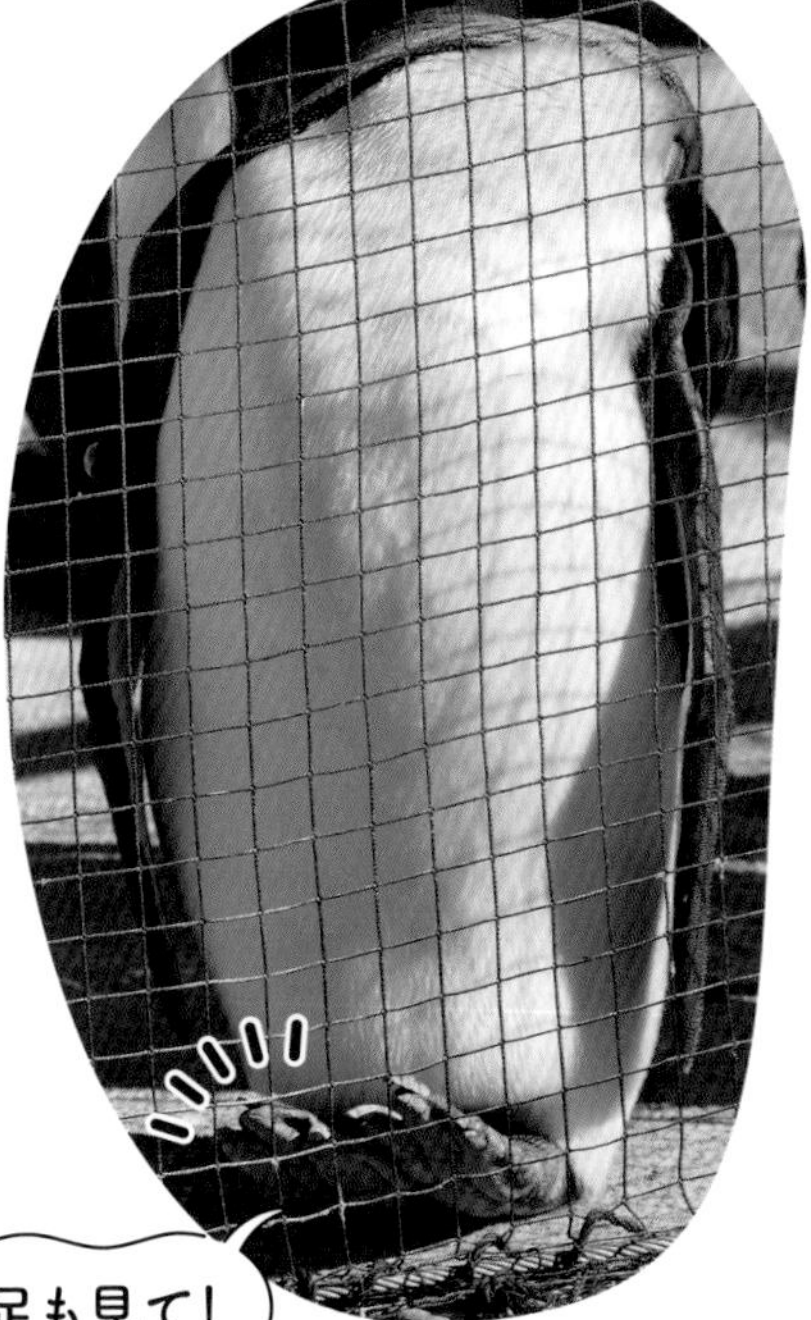


クチバシを羽毛に差し込み、くつろぐキングペンギン。よく見ると、つま先の方を上げている。これは完全にリラックスした姿だ。

遊泳能力は抜群。ほかのペンギン同様、フリッパーをオールのように使うが、キングはフリッパーが長く航空機のようなダイナミックさだ。

繁殖期、両足の間に抱卵斑(ほうらんはん)という羽毛のない皮膚部分ができる。卵を温めるときに、体温をダイレクトに伝えられる。

勾玉(まがたま)型、コンマ型などとも呼ばれる、独特の斑紋にご注目。換羽で生えかわった直後は、目にも鮮やかな黄色になる。

## タマゴからどう育つ?
# キングすくすく成長日記

小さなヒナは、パパ・ママからたくさんエサをもらってどんどん成長。子育て頑張って!

卵

ヒナ:生後4日

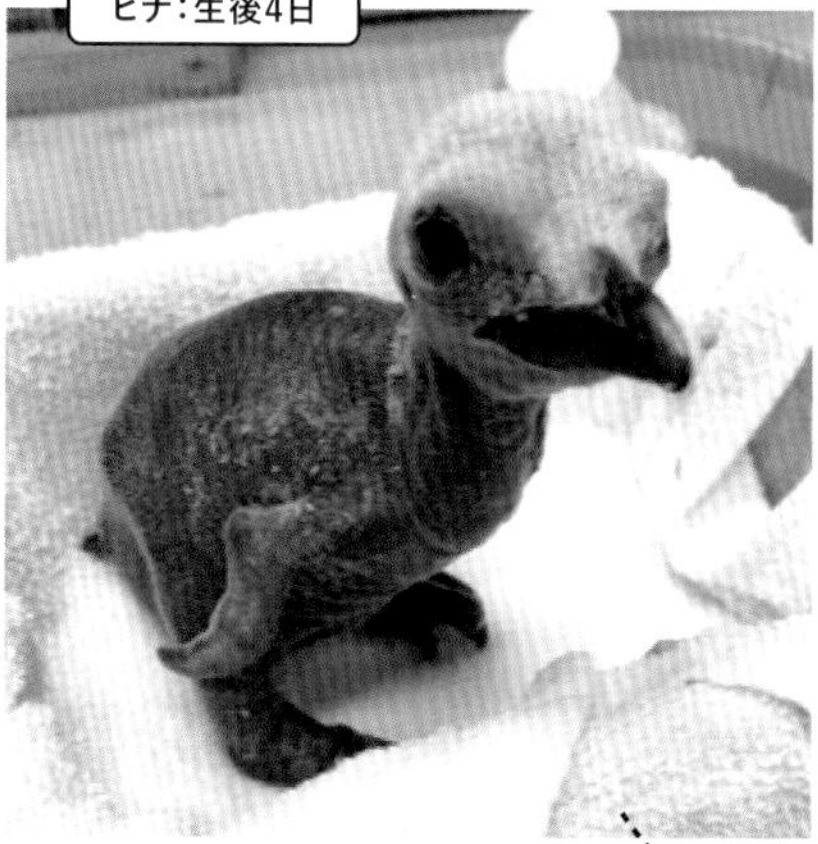

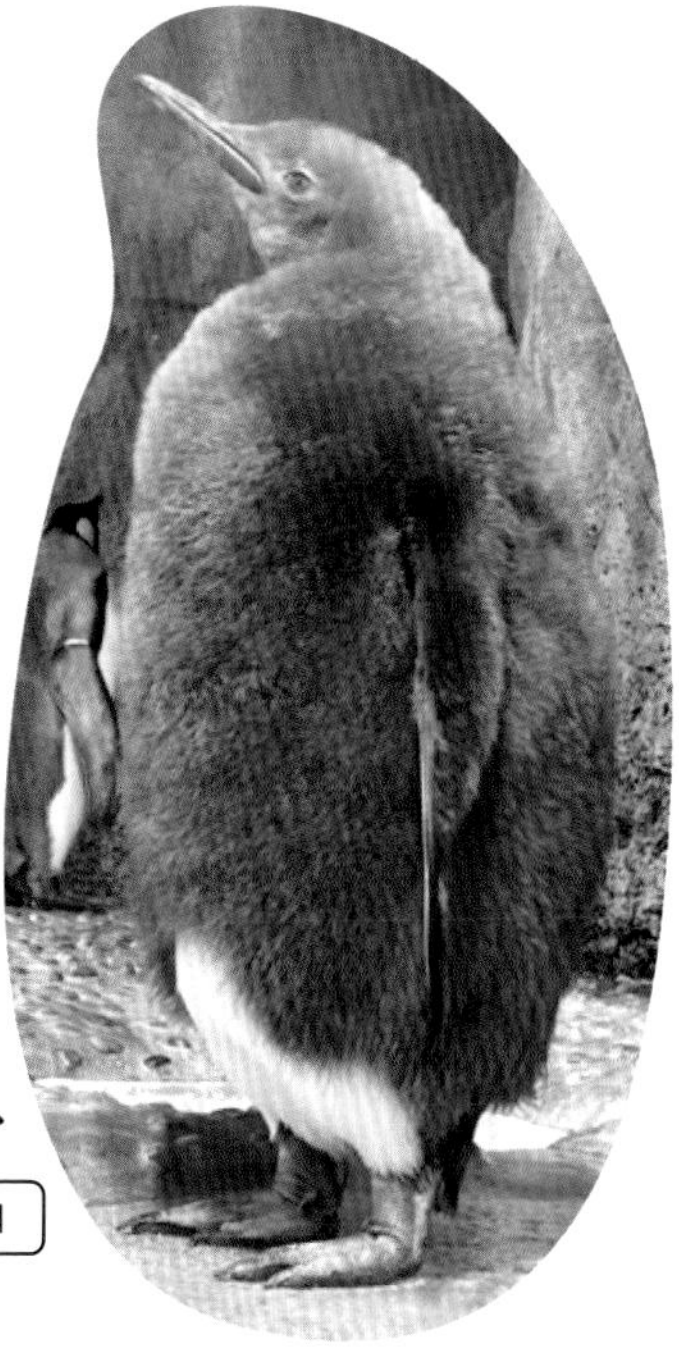

ヒナ:生後149日

◆**卵**:7.6cm、短径10.5cm。

◆**ヒナ(生後4日)**:2021年7月24日の様子。7月20日誕生時の体重は226g。

◆**ヒナ(生後149日)**:2021年12月16日の様子。モコモコの綿羽になると体重は約1,400g。

繁殖活動は3年に2回。卵を温めるところからオスとメスが協力し育児を行い、成長するまで約1年という長い期間を要する。ヒナのうちは綿羽と呼ばれる羽毛に包まれ、防水性はない。エサをたくさん食べて一時期は親よりも大きくなるが、大人になるのにつれて防水性のある羽に生えかわり、スマートになる。

写真提供:仙台うみの杜水族館
※このページ以降、卵はすべて長崎ペンギン水族館所蔵の標本を撮影したものです。

## 目の表情が豊かで見て楽しい!?

# アデリーペンギン

### おもしろくて見飽きない ペンギンキャラの原型

「ペンギンは南極の動物」と思っている人がいるかもしれませんが、南極大陸で繁殖するのは、アデリーペンギンとエンペラーペンギンだけ。また、ペンギンは「白黒くっきり分かれたツートンカラー」として表現されがちですが、あてはまるのはアデリーだけです。

一般的なペンギンのイメージそのものともいえるアデリーですが、名前はさほど浸透していません。冷房などの設備、エサ調達などの面で飼育のハードルが高く、見られる施設が限られるからでしょう。

**基本データ**

【和名】アデリーペンギン
【英名】Adelie penguin
【学名】*Pygoscelis adeliae*

**身体データ**

【体長】約75cm
【体重】4.0～6.0kg

希少なペンギンなので、見るべきポイントを予習してから会いに行くことをおすすめします。外せないのは目を取り巻くアイリング。それから「頭の羽」。興奮すると羽が立ったり寝たりします。おじぎやフリッパーを振るしぐさなど、ボディランゲージも豊富です。

そのほか、クチバシを覆う羽毛など、南極生活に適応した体の作りの精緻さに感嘆を禁じえません。

# 体のパーツをじっくりチェック

### 《 クチバシ 》

クチバシなどの突出部分が短めなのは、南極の寒さに適応するため。大部分が羽毛に覆われる。

### 《 目 》

アイリングと呼ばれる白い羽でできた縁取りが目の周りにある。このおかげか、表情が豊かに見える。

## アデリーおもしろショット集

かわいいだけじゃない魅力を持つのがアデリー。

アデリーは頭の羽毛が立ったり寝たりと、よく動いておもしろい。縄張りやエサを巡る戦いなどで興奮すると、三角頭に大変身。

小型ながら、体重は4～6kgと、見た目以上に重量感がある。慣れた手つきで飼育員に抱えられ、置物のように連れて行かれるところ。

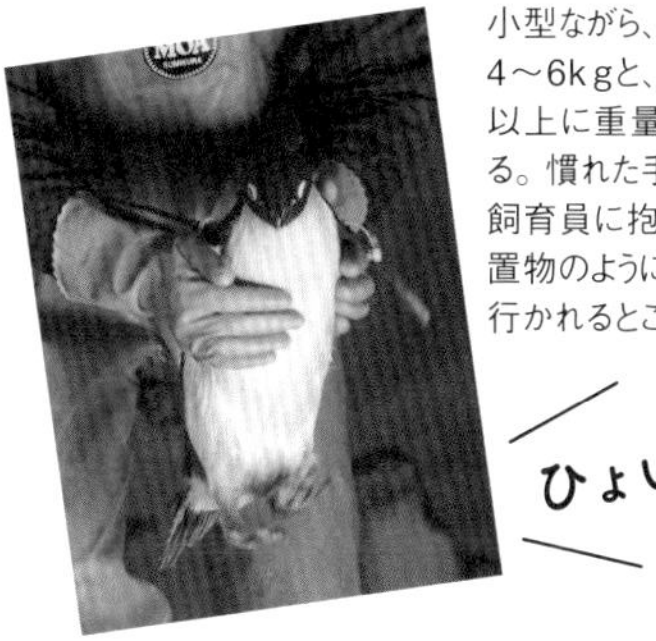


水中を滑るように遊泳する。ほかのペンギンは観客に興味を示すこともあるが、アデリーはマイペース。

アニメやマンガから飛び出してきたかのようなユーモラスな表情を見せてくれることもある（横浜・八景島シーパラダイス提供）。

## タマゴからどう育つ?
# アデリーすくすく成長日記

アデリーペンギン特有の白黒いつ出てくる?
など自分ならではの視点で成長をチェック。

卵

ヒナ:生後1日

ヒナ:生後25日

ヒナ:生後42日

- ◆卵:6.8cm、短径5.4cm。
- ◆ヒナ(生後1日):2009年11月11日の様子。体重約84g。
- ◆ヒナ(生後25日):体重約1,964g。
- ◆ヒナ(生後42日):体重約3,505g。

名古屋港水族館は南極の昭和基地に合わせて繁殖環境を作り、うまくいけば10月下旬ごろに抱卵が見られます。オスとメスが卵を温め、35日ほどで孵化し、その後もペアで子育てします。生後40日前後から大人のような白黒模様がはっきりしてきます。そんな成長の様子が約1分のタイムラプス動画にまとめられ、名古屋港水族館YouTubeで見られます!

写真提供:名古屋港水族館

## クチバシの下にかわいい1本線

# ヒゲペンギン

### シックな見た目で超元気 フワフワのヒナも楽しみ

顔が白く、アゴの下にある細く黒い模様がヒゲに見立てられ、ヒゲペンギンと呼ばれます。このヒゲがなんのためにあるのかについて、有力な説はまだありません。アデリーペンギン属のほかの2種との識別に役立っているのではないかという説があります。

模様や体形はキリッと美しくシャープな印象ですが、鳴き声はギャーギャーと大きめ。そのギャップも楽しい元気なペンギンです。

国内では、名古屋港水族館（愛知県）、アドベンチャーワールド（和歌山県）、長崎ペンギン水族館（長崎県）の3施設だけで見られる希少なペンギンです。

名古屋港水族館では1995年に国内初の繁殖に成功し、アドベンチャーワールドも1999年に初めて繁殖に成功して以降、毎年繁殖に取り組んでいます。

ヒナは銀色の羽毛に包まれ、モフモフ。パパ、ママで協力して子育てする様子は感動的です。

**基本データ**

【和名】ヒゲペンギン

【英名】Chinstrap penguin

【学名】*Pygoscelis antarcticus*

**身体データ**

【体長】約70cm

【体重】3.7～5.0kg

# 体のパーツをじっくりチェック

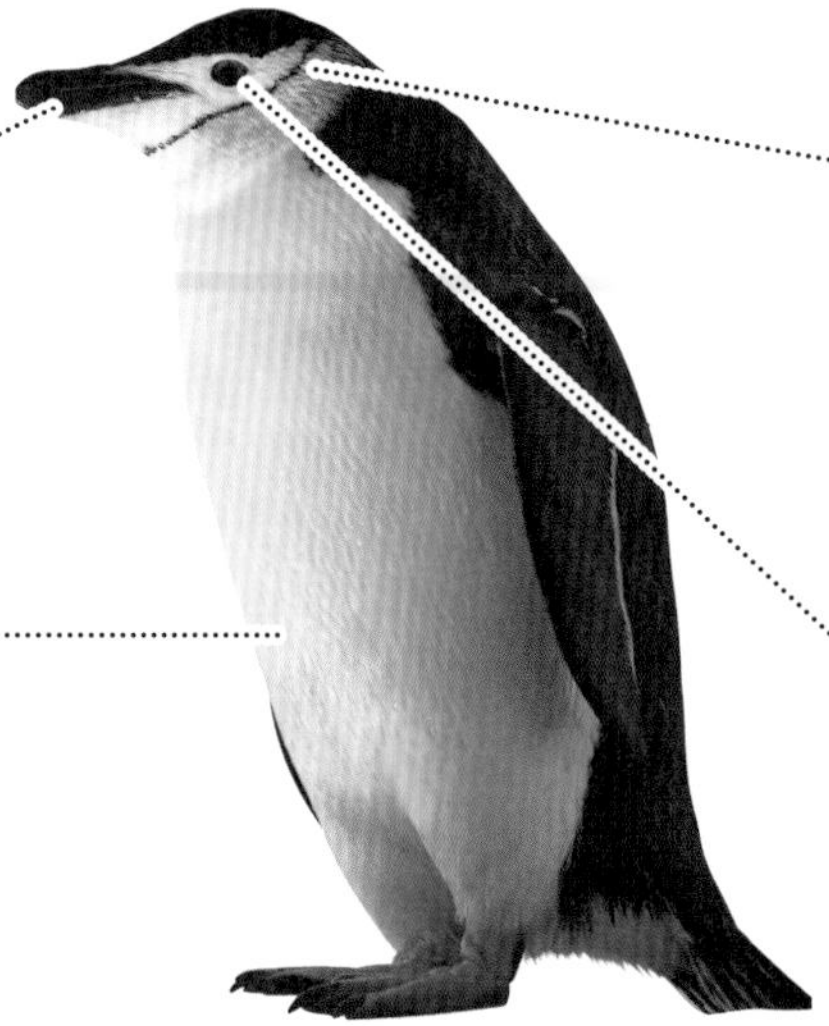

**クチバシ**

上下とも全体的に黒く、根元あたりは羽毛に覆われる。周りの羽毛が白いので、よく目立つ。

**ヒゲ模様**

横から見ても前から見ても、よく目立っているヒゲ模様。ヒゲのほか、帽子のあごひもにたとえられることも。

**体色**

背中側は黒色系で青みがかっている。腹側は白い。

**目**

アデリーペンギンの仲間なので、アデリーほど目立たないが黒い縁取り(アイリング)がある。

## ヒゲおもしろショット集

美しいペンギンで、動きもとってもチャーミング。ときどきケンカだってします。

卵を温めているところ。繁殖期、名古屋港水族館ではリング状の巣を用意する。ヒゲはその上に小石を運び巣材にする。

仲良しファミリー

2022年12月中旬、パパママが仲良く2羽のヒナをお世話中。この日、体重測定の様子も公開された(名古屋港水族館)。

クールそうに見えるが、ペンギン同士のケンカも少なくないようだ。左のペンギンは低い位置からつつき攻撃の姿勢を取っている。

## タマゴからどう育つ？
# ヒゲすくすく成長日記

大人はキリッとした美しさですが、ヒナは毛糸玉のようなかわいらしさ。
成長を見てみましょう。

卵

ヒナ：生後0日

ヒナ：生後27日

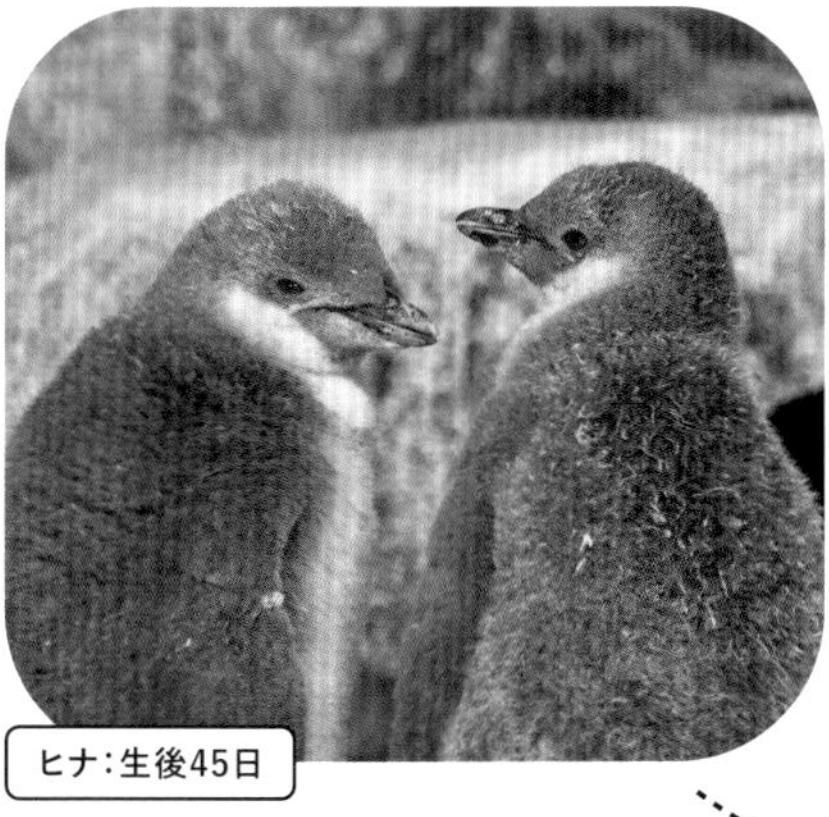

ヒナ：生後45日

幼鳥：生後53日

- ◆**卵**：6.7cm、短径5.2cm。
- ◆**ヒナ（生後0日）**：2010年12月5日の様子。体重81g。
- ◆**ヒナ（生後27日）**：体重1,606g。
- ◆**ヒナ（生後45日）**：体重3,510g。
- ◆**幼鳥（生後53日）**：体重3,860g。

名古屋港水族館では、前ページのアデリーとほぼ同じタイミングで繁殖期スタート。孵化後のヒナは灰色の綿羽に包まれています。次第に、腹側が白くなり、白とグレーの2色になりますが、まだ羽のほとんどが綿羽。さらにどんどん生えかわり、生後53日ごろには綿羽が少し残りつつも、ヒゲ模様がおおむね完成しました。

写真提供：名古屋港水族館

写真提供:仙台うみの杜水族館

## 地上はスタスタ、水中は最速！

# ジェンツーペンギン

### 基本データ

【和名】ジェンツーペンギン
【英名】Gentoo penguin
【学名】*Pygoscelis papua*

### 身体データ

【体長】約75cm
【体重】4.8〜5.7kg

## 飼育員も魅力に夢中 美しい体育会系

白いヘアバンドのような頭の模様が特徴的なジェンツーペンギン。考えてみるとジェンツーって不思議な語感だと思いませんか？　繁殖地の一つであるフォークランド（マルビナス）諸島の人たちが当時、

# 体のパーツをじっくりチェック

**《 クチバシ 》**

先端の黄色やオレンジ色がよく目立っており、ほかのペンギンより鮮かな印象。

**《 目 》**

同属のアデリーペンギンと同様に、実はアイリングがある。瞳は茶色系で丸っこくて愛らしい。

**《 尾羽 》**

飛ぶ鳥を連想させる形で、長さもある。3本目の足のように体を支えるのにも役立つようだ。

**《 足 》**

足は鮮やかな黄色。エサの一つであるオキアミのカロテンという色素に由来するという話もある。

インド系の人々をジェンツーと呼んでおり、このペンギンの頭の模様とシーク教徒のターバンが似ていることからこの名前ができたという説がありますが、真相は謎に包まれています。

飼育員にどのペンギンが好きかと問うと、多くがジェンツーと答えるように、その姿は魅力たっぷり。美しいだけでなく、飼育員の掃除用具を追いかけたり、お客さんの持ち物（特に光るものが好きみたい）に興味を示したりと、好奇心旺盛な性格にも心惹かれます。

スタスタ走ったり、水中では全ペンギン種の中で最速という説があるほど素早く泳いだりと、ずっと見ていても飽きないおもしろいペンギンです。

野生種は亜南極から南極にかけて広く分布し、日本の水族館でもヒナが続々生まれています。

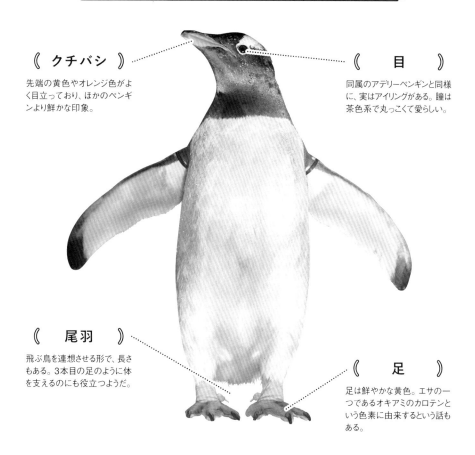

# ジェンツー おもしろショット集

活発でよく動き、ときどき人間にも興味津々。
シャッターチャンスはたくさんあります。

換羽は体力を消耗する大仕事。たくさん食べて太るうえ、新しい羽が生えて外側の古い羽を押し出してくるので、換羽前のジェンツーはムチムチ。本当は大きくて丸い目が多くの羽に押されて小さく見える。

足裏はかんじき（雪靴）のように幅広で雪でも歩きやすそう。

繁殖期は各施設お手製の巣を設置。石を置いておくと、自分たちでせっせと集めて巣に運び込む。オスが頑張りメスも手伝うのがジェンツー流。

ジェンツーの泳ぎは最速といわれる。水中→水面（ここで息継ぎ）→水中と、スピードを落とさずに泳ぐ様子はまるでイルカ。

ジェンツーは好奇心が旺盛で恐れ知らず。飼育員のデッキブラシやホースなどにじゃれついて遊ぶことも。ちょっとネコっぽい。

タマゴからどう育つ?

# ジェンツーすくすく成長日記

ヒナが生まれたら一目散に駆けつけたいところ。
繁殖期は水族館のブログや SNSを要チェック!

卵

ヒナ:生後0日

ヒナ:生後20日

ヒナ:生後40日

立派な若鳥に!

幼鳥:生後65日

◆卵:7.1cm、短径5.9cm。
◆ヒナ(生後0日):2007年11月7日の様子。体重約90g。
◆ヒナ(生後20日):体重1,162g。
◆ヒナ(生後40日):体重3,720g。
◆幼鳥(生後65日):体重6,470g。

孵化後はヒナ特有の綿羽に包まれ、フワフワ。巣にとどまって給餌を受けて成長し、次第に綿羽から大人の羽へと生えかわっていきます。野生下では、育雛後期になると、ヒナだけの保育所のような「クレイシュ」を構成。アデリー同様、成長の様子が約1分のタイムラプス動画にまとめられ、名古屋港水族館YouTubeで見られます!

写真提供:名古屋港水族館

## わざわざ見に行きたいレア種！

# マカロニペンギン

### 下関と箱根だけにいる華麗な冠羽のペンギン

　頭の冠羽がステキなマカロニペンギン。「マカロニ」は食べ物ではなくイタリア語で「おしゃれな人」といった意味です。18種中もっとも個体数の多いペンギン種ですが、日本では下関市立しものせき水族館「海響館」（山口県）と箱根園水族館（神奈川県）だけでしか見られません。

　現在は、海響館にできるだけ多くの個体を集め、繁殖させる取り組みが行われているところです。その結果。２０２２年に国内では15年ぶりにヒナが誕生。子育て経験のあるミナミイワトビのペアに仮親となってもらいましたが、残念ながら死亡してしまいました。

　マカロニの繁殖に苦労しているのは、海外の施設も同様。「繁殖期に繁殖場所に集まり、オスとメスが初めて出会うことが必要なのでは」といった説がありますが真相はわかりません。

　今すぐ見に行かねば！

**基本データ**

【 和名 】マカロニペンギン
【 英名 】Macaroni penguin
【 学名 】*Eudyptes chrysolophus*

**身体データ**

【 体長 】約60cm
【 体重 】4.0〜5.3kg

# 体のパーツをじっくりチェック

**《 冠羽 》**

イワトビに似るが、頭の側面だけでなく上部も含め全体的に冠羽が生えておりゴージャス。

**《 クチバシ 》**

オレンジ～赤系の色で短め。冠羽が注目されがちだが、太く立派なクチバシにもご注目。

**《 フリッパー 》**

短めながらも、水中での抵抗を減らしつつ、1回上下させれば強力に進む理想の形。

**《 足 》**

全体的に明るめのピンク色で、足裏は黒っぽい。

\ 箱根にもいるよ！ /

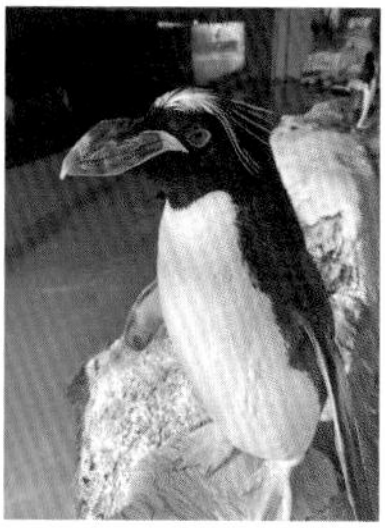

## タマゴからどう育つ？
# マカロニすくすく成長日記

海響館が中心となって繁殖に挑戦中。2007年、2022年のストーリーをご紹介。

仲の良いペアの様子

卵

ヒナ：生後2日

◆卵：7.8cm、短径5.7cm。
◆ヒナ（生後2日）：2022年6月16日の様子。体重約160g。

ブリーディングローン（園館同士の生体貸し借り）で繁殖を目指しています。2007年に海響館でヒナが孵化して以来、繁殖が途絶えていました。2022年、海響館で15年ぶりに待望のヒナが誕生しました（仙台うみの杜水族館から借りていたメスが産卵）。別種ペアに育てられていましたが、残念ながら死亡。今後の展開に期待！　箱根園では、オスの秀吉とメスのねねが暮らしています。ねねは何度か産卵しましたが孵化に至りませんでした。

写真提供：下関市立しものせき水族館「海響館」

ふさふさで長い飾り羽がステキ

# キタイワトビペンギン

## 立派な冠羽でペンギンの異性も人間も魅了？

頭の冠羽が特徴的なイワトビペンギンは、亜南極圏付近の島々で繁殖しています。分類について、イワトビペンギンを1つの種とする説、生息地ごとにみられる冠羽などの違いからキタ、ミナミ、ヒガシの3種とする説などがあります。最近は、遺伝情報（DNA）検査などにより、キタとミナミの2種とする説が有力です。

日本の水族館ではキタとミナミが飼育されています。2種は自然界では異なる地域で暮らしますが繁殖は可能。しかし、そうした繁殖（交雑）は好ましくないため、別々の設備で飼育されます。

2種の見分けポイントは、冠羽の長さ。冠羽が長いのがキタで、短いのがミナミです。

2023年開業の「AOAO SAPPORO」（北海道）はキタイワトビ飼育・展示に特化し、ファンの注目を集めています。

**基本データ**

【和名】キタイワトビペンギン

【英名】Northern rockhopper penguin

【学名】*Eudyptes moseleyi*

**身体データ**

【体長】55～65cm

【体重】約3.0kg

## 体のパーツをじっくりチェック

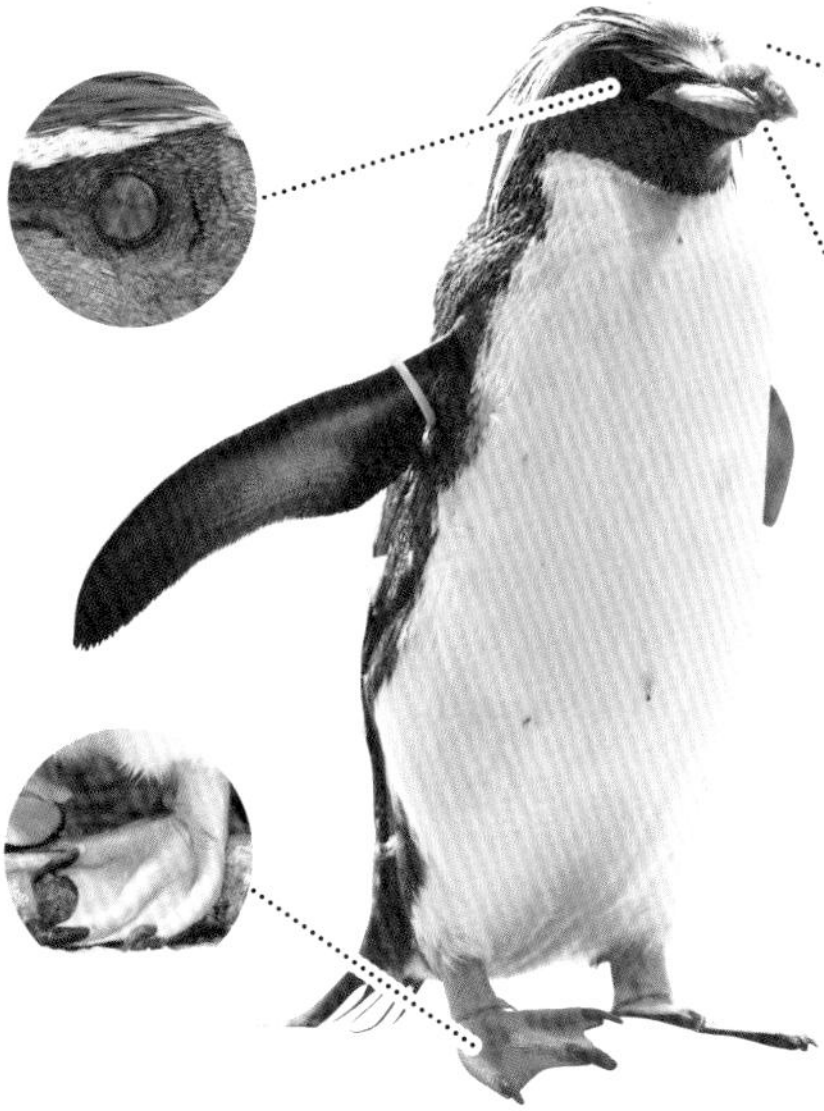

### 目

成鳥の瞳はルビーのような赤色。屋内か屋外かなどの飼育環境、年齢などによって差異がある。

### 冠羽

眉のようなライン状の部分と、後頭部にふさふさと垂れ下がるかんざし状の部分がある。

### クチバシ

太く短く、色は赤系。オスのほうが太め（フィールドでは、クチバシの太さを図るゲージで性判別をする）。

### 足

足全体は薄めのピンク色系。大きなツメがあり、岩場をジャンプするときの安定感を増す。

---

タマゴからどう育つ？

## キタイワトビすくすく成長日記

繁殖期は2月から！　希少なヒナを男鹿水族館GAOに見に行こう！

卵

ヒナ：生後22日

幼鳥：生後76日

- ◆**卵**：6.8cm、短径5.0cm。
- ◆**ヒナ（生後22日）**：体重約600g。
- ◆**幼鳥（生後76日）**：2022年7月7日の様子。体重約2,000g。

男鹿水族館GAO（秋田県）では、うまくいく年は2月ごろから繁殖期に入り、産卵後約35日で孵化、生後3〜4か月で大人とほぼ同じ姿になります。飼育スタッフに聞くと、「繁殖ペアの相性や栄養状態、飼育環境など色々な工夫をしながら繁殖に取り組んでいます」とのことです。

写真提供：男鹿水族館GAO

## 控えめながら華麗な冠羽

# ミナミイワトビペンギン

### 小さな体で両足そろえてピョンピョン飛び

　小柄な体に足などがちょこんとおさまるミナミイワトビペンギン。フォークランド（マルビナス）諸島などに生息し、キタとはかなり離れています。キタもミナミもイワトビペンギンは、両足をそろえて飛び跳ねる姿や目が魅力。目は環境や光源、年齢などによる違いがありますが、鮮やかな赤色です。

　海遊館（大阪府）、下関市立しものせき水族館「海響館」（山口県）などで飼育され、協力しながら繁殖の取り組みも行っています。ちなみに、長崎ペンギン水族館はキタとミナミが同時に見られる希少な施設。冠羽を見比べたりして楽しめます。

　仙台うみの杜水族館（宮城県）では冬のペンギン散歩イベントが人気で、ミナミが登場することも。感染症などのため中止されることもありますが、今後も情報は要チェックです！

**基本データ**

【和名】ミナミイワトビペンギン
【英名】Southern rockhopper penguin
【学名】*Eudyptes chrysocome*

**身体データ**

【体長】45～55cm
【体重】2.0～3.8kg

## 体のパーツをじっくりチェック

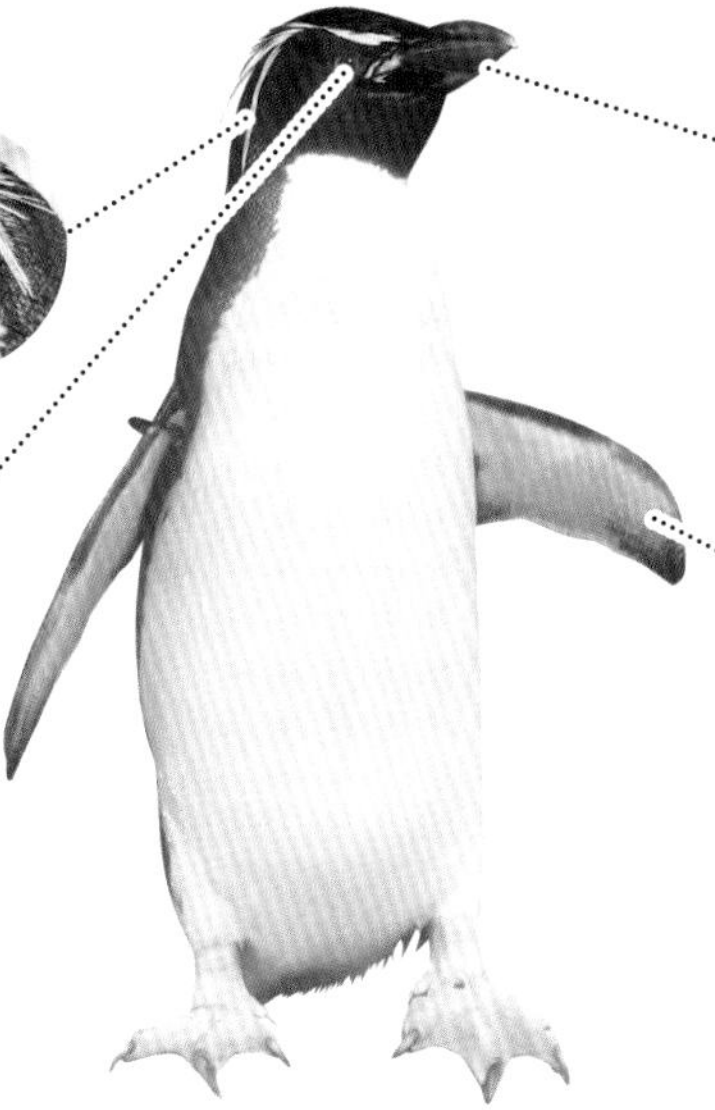

《 冠羽 》

キタイワトビより長さは控えめだが、美しい。オスとメスの差はあまりないようだ。

《 目 》

多くの個体は赤系。ルビー色、やや黄みが入るスカーレット系など、個体差も大きい。

《 クチバシ 》

キタイワトビとよく似ており、太く短く、特徴的なシワが入る。オスはかなり太め。

《 フリッパー 》

短く、よく動く。手信号のように右だけ上げたり、両方上げたりと動きがおもしろい。

### タマゴからどう育つ?

## ミナミイワトビすくすく成長日記

ふわふわのヒナが成長して冠羽が生え……! ミナミイワトビの成長も見逃せません。

卵

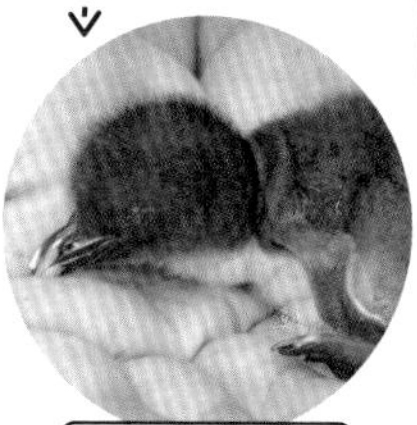

ヒナ:生後0日

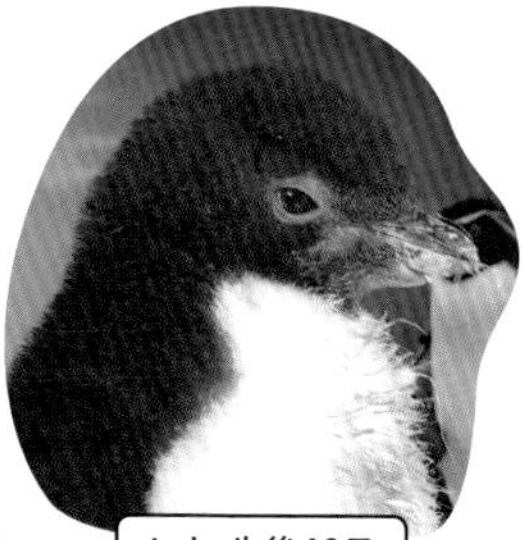

ヒナ:生後40日

◆卵:長径7.5cm、短径5.2cm。
◆ヒナ(生後0日):2018年6月7日の様子。体重約85g。
◆ヒナ(生後40日):2018年7月18日の様子。体重約2,145g。

孵化したばかりのヒナは綿羽と呼ばれるフワフワの羽毛で覆われています。体温調整があまり上手でないので、ほとんどの時間、親の足元から離れません。約2か月ほどで、綿羽から大人の羽に生えかわります。水を弾く機能があるので、水に入って泳ぐようになります。巣立ちから約1年で頭の冠羽が生え、ほぼ大人と同じに!

写真提供:下関市立しものせき水族館「海響館」

## 国内飼育羽数ダントツ1位！

# フンボルトペンギン

### 基本データ

【和名】フンボルトペンギン

【英名】Humboldt penguin、Peruvian penguin

【学名】*Spheniscus humboldti*

### 身体データ

【体長】67〜72cm

【体重】4.2〜5.0kg

## 知るほどに奥深い ペンギン追っかけの原点

国内飼育羽数は1位。同じ属のケープ、マゼランにそっくりですが、「クチバシの付け根周りのピンク色部分」で見分けられます。

野生の個体は、南アメリカ大陸の太平洋側を流れるフンボルト海

# 体のパーツをじっくりチェック

### 目

ヒナのころは濃い灰色で、次第に青みがかった色になり、黒色を経て、赤茶色になる。

### クチバシ

全体が黒く灰色のラインが入り、付け根はピンク色。寒冷地の種とは異なり羽毛で覆われない。

### 斑点模様

1羽1羽違う斑点模様が入る。換羽をしても同じ場所に黒い斑点が復活するのは不思議。

### 足

全体が黒い、黒とピンクが混ざるなど個体差がある。足裏は黒く、水中で背中の色と一体化して敵から見えにくくなる効果があるとか。

### 顔

クチバシ周りのピンク色が特徴。興奮や暑さで赤みが強くなるのは、人も一緒だ！

### フリッパー

外側は黒く、内側は白い。腹の斑点のように、フリッパー内側にも1羽1羽違う斑点がある。

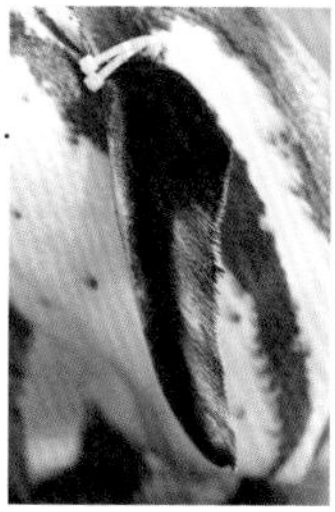

流（ペルー海流）に沿って分布しています。南アメリカから遠く離れた日本ですが、長年にわたる飼育ノウハウの蓄積があり、気候も合っているためか、繁殖は順調。園館生まれの個体は穏やかな性質であることが多く、トレーニングすれば人によくなれます。そのため、タッチ（触れる）イベントや散歩イベントなどで活躍する子も。

広く飼育され、なじみ深いフンボルト。見慣れちゃった……なんて言わずに、魅力を再確認してください。換羽、繁殖、子育てなど、年間を通じて観察しやすいのはフンボルトならではでしょう。春は桜の花びら、夏はセミ、秋はトンボ、冬は雪を追いかけ、四季折々の姿を見せてくれます。

また、1羽1羽異なる胸の黒い帯、お腹の斑点での「個体見分けチャレンジ」などの楽しみも！

# フンボルト おもしろショット集

通いやすい園館の年パスを買って、
春夏秋冬のフンボルトを見に行こう！

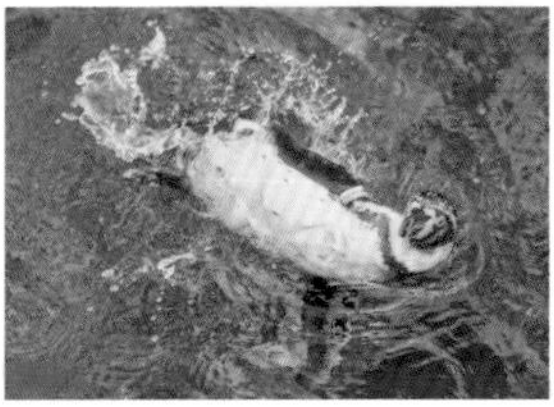

## 泳ぎ寝

野生下では多くの時間を海上で過ごす。片方のフリッパーを水中に沈めて寝たり、背泳ぎで羽の手入れをしたりと、興味深い行動を見せる。

## 巣

擬岩に開いた穴を模したもの、犬小屋のようなものなど、園館ごとにスタイルはさまざま。飼育員の工夫が感じられ、見比べも楽しい。

## ディスプレイ

巣箱の前でペアが上を向いて声をあげる。「恍惚のディスプレイ」と呼ばれるもので、求愛や愛情確認などの目的があるとされる。

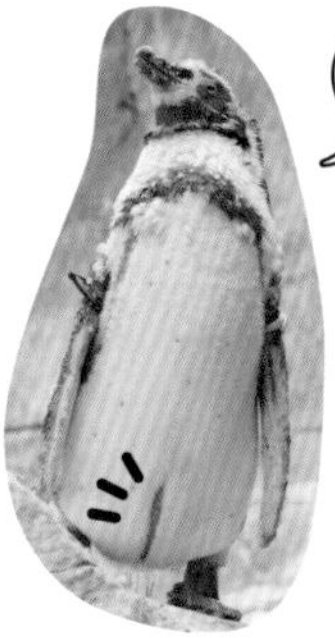

## 抱卵斑《ほうらんはん》

下腹部にある羽毛のない部分で、オス・メスともにある。地肌から体温を伝えやすい。普段は見えないが換羽時に見られることも。

## あるある！

## （通称）フンボルギーニ

フリッパーを上げて声を出す動作は特有のしぐさ。ファンがいつしか、有名スポーツカーになぞらえ「フンボルギーニ」と呼ぶように？

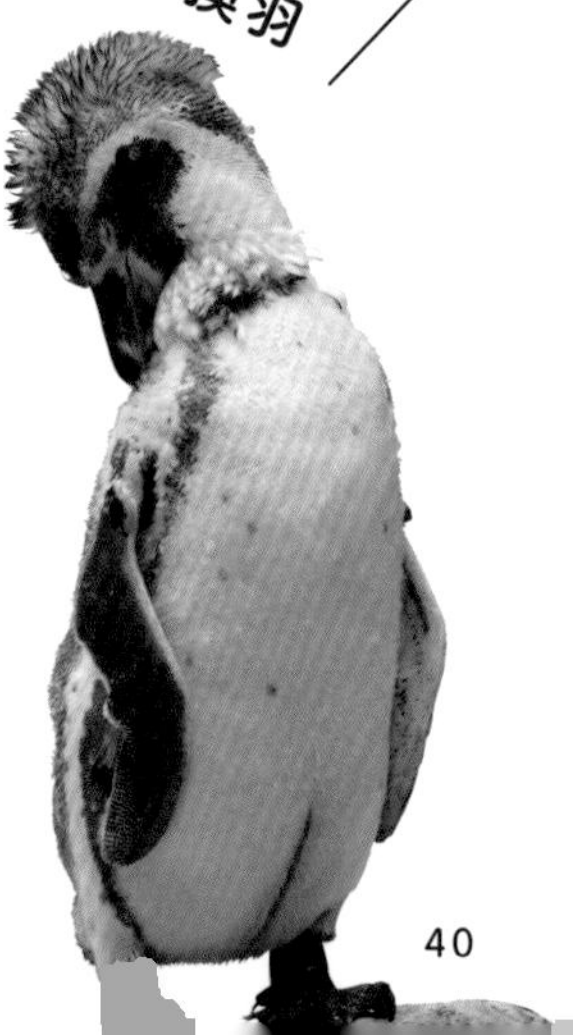

## モヒカン換羽

換羽期のフンボルトも必見。自分で羽づくろいできる部分から古い羽が抜け落ちるが、頭は残りがち。モヒカンスタイルも似合ってる！

## 羽づくろい

ペアはお互いの羽づくろいをしたりと、たびたび仲むつまじい姿を見せる。自分で届かない部分のケアにより愛情が深まるのだろう。

# タマゴからどう育つ？
# フンボルトすくすく成長日記

フンボルトの成長は早い！
繁殖、産卵から成鳥になるまでを見逃さず見守りたい。

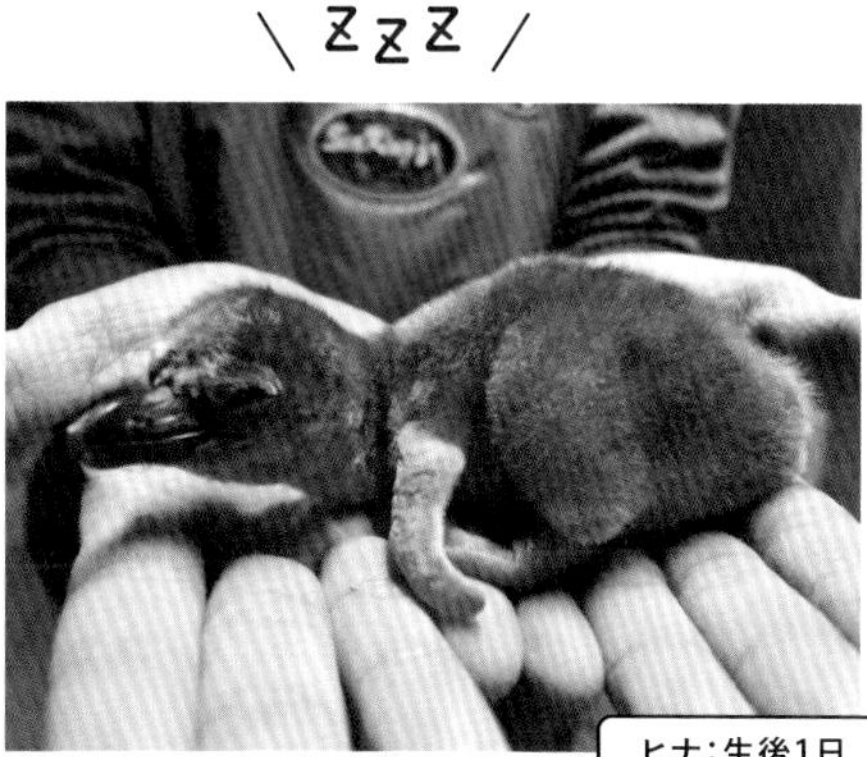


ヒナ:生後1日

卵

ヒナ:生後30日

◆**卵**:6.9cm、短径5.1cm。
◆**体重増加の目安**:生後1日 80g、生後約30日 1,500g(長崎ペンギン水族館で孵化したヒナの体重の平均値)。

フンボルトは各地の動物園・水族館で繁殖に成功。孵化から約2年で繁殖可能な大人に成長。孵化後はフワフワの綿羽で覆われ目も開かない状態ですが、約2か月で防水性のある大人の羽に生えかわります。若いヒナは、大人の大きさでも全身が淡い灰色だったり、胸の帯模様が薄めだったりという点で見分けられるのでチャレンジを！

写真提供:長崎ペンギン水族館

## 南アフリカ原産の美ペンギン

# ケープペンギン

**基本データ**

【和名】ケープペンギン

【英名】African Penguin、Black-footed Penguin

【学名】*Spheniscus demersus*

**身体データ**

【体長】約60cm

【体重】2.9〜3.5kg

### 目にも鮮やかな白と黒のコントラスト

見分けの難しいフンボルト、マゼラン、ケープのうち、アフリカ大陸にすむのがケープペンギン。

3種のうちでは、白黒がもっともハッキリ分かれます。お腹などは目にも鮮やかな白色で、目の周

# 体のパーツをじっくりチェック

## 目

若いころは濃い黒色で、加齢に伴い明るい色になる傾向。目の周りを地肌のピンク色が囲む。

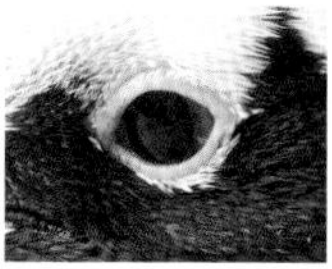

## クチバシ

クチバシは上下とも絶対的に黒く、先のほうにぼんやりとした白い模様が入る。

## 胸の帯

胸を頂点に両足の付け根辺りまで、太い筆で描いたような黒帯のような模様がある。

## フリッパー

外側は黒く、先端あたりに白い縁取りが少々。内側も大部分が黒いが、独特な白い模様が入る。

## 足

表側が明るい色で裏側が黒の種が多いが、この種の足は全体的に黒系。ピンク色が少し混じる個体もいる。

## 体色

背側が黒色、腹側が白色で「ペンギンらしい」。白黒のコントラストが美しく、思わず目を奪われる。

りや背中などは「漆黒」という言葉が似合う濃密な黒色です。

また、顔も特徴的で、3種のうちでは白い部分が多め（特に横顔）。ですが、フンボルトペンギンのようなクチバシの付け根のピンク色や、マゼランペンギンのクチバシの下にある細い白線がなく、正面顔は「真っ黒」に近い印象です。目の上に見えるピンク色の皮膚がアイシャドウのようで、いいアクセントになっています。

アフリカのペンギンですが、日本の気候にしっかり適応し、多くの動物園や水族館で元気に暮らし、繁殖も順調。アフリカではエサが豊富なら通年繁殖できますが、日本の園館でもおおむね同様です。環境や繁殖管理の事情次第ですが、通年で繁殖は十分可能で、繁殖のピークは春や秋になることが多いようです。

# ケープ おもしろショット集

比較的会いに行きやすいケープペンギン。
何度見ても、何時間見ても飽きない！

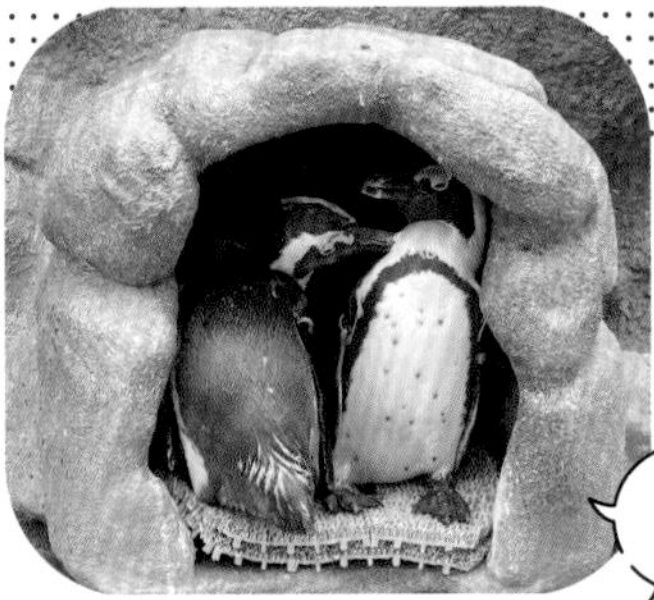

サンシャイン水族館で、ペアが岩穴を模した巣に愛らしくおさまっていた。夫婦の道祖神みたい。

手ごろなサイズの木の枝や小石を見つけると、サッとくわえて巣に持ち帰る。巣作りに熱心だ。

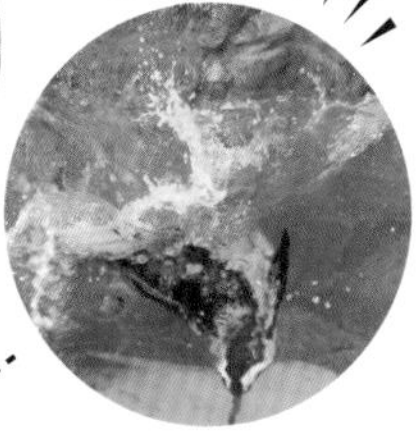

ぽっちゃり体型でかわいい子を発見。換羽前に食べ貯めして太る子もいるけど、あなたも？

飼育員に甘えるケープペンギン。ペンギンごとに飼育員の好き嫌いがかなりあるとのこと。

「マリンワールド海の中道」はケープファンの聖地。マリンワールド生まれの子は人なつっこいそう。

# タマゴからどう育つ?
# ケープすくすく成長日記

キリッとした大人になるまでの灰色ヒナ期もとってもかわいいのです。

卵

ヒナ:生後1日

ヒナ:生後約30日

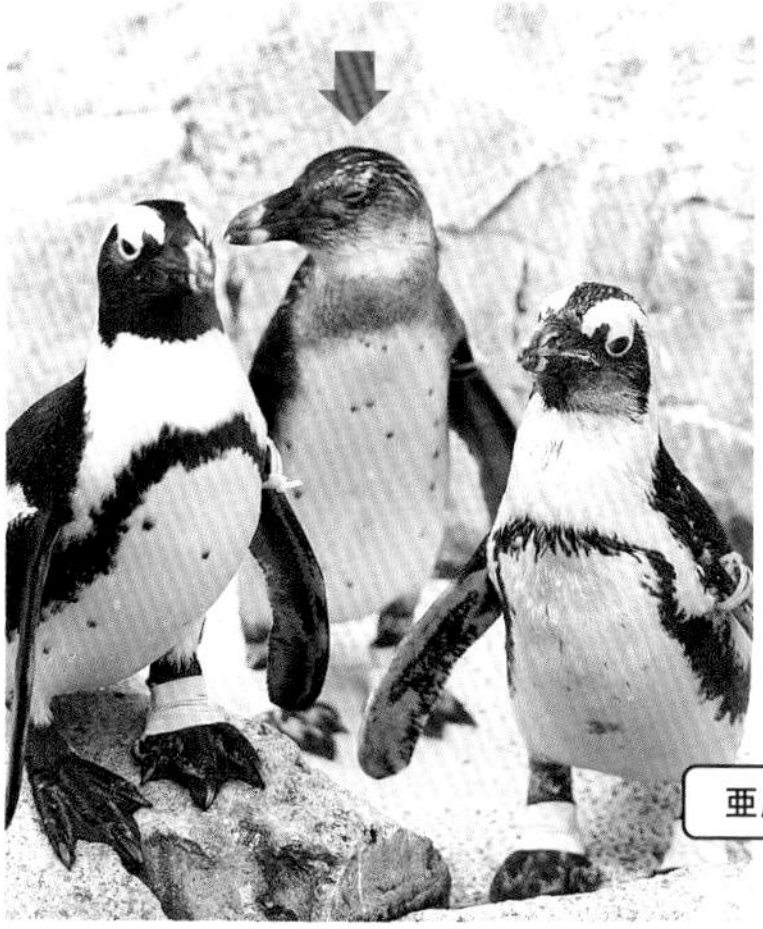

亜成鳥

- **卵**:6.8cm、短径5.2cm。
- **体重増加の目安**:生後1日 60~80g、生後約30日 1,000~1,500g(長崎ペンギン水族館で孵化したヒナの体重の平均値)。

孵化後のヒナは綿羽で覆われ、これが体温維持に役立ちます。ヒナは遠くには行かず、両親の足元で過ごし、大きく成長。綿羽に包まれたヒナの姿が見られるのは生後60日頃まで。次第に大人の羽に生えかわり、水に入って泳ぐようになります。生後1年くらいまで、大人のような胸の模様はハッキリしません。この時期を亜成鳥(あせいちょう)と呼びます。

写真提供:長崎ペンギン水族館

# 胸の2本線で見分けてね！
# マゼランペンギン

**基本データ**

【 和名 】マゼランペンギン

【 英名 】Magellanic penguin、Patagonian penguin、Jackass penguin

【 学名 】*Spheniscus magellanicus*

**身体データ**

【 体長 】約65cm

【 体重 】3.8～4.9kg

## 体の模様が独特で気品に満ちたペンギン

フンボルト、ケープ、マゼラン。よく似た3種ですが、マゼランペンギンは「胸の黒帯が2本でほかのペンギンは1本だから混ざらん」と覚えてください。

特徴はまだあります。目を黒色

## 体のパーツをじっくりチェック

### クチバシ

大部分が黒いが、先端近くに白い模様がある。フンボルトに似るが微妙に異なる。

### フリッパー

外側が黒色で、内側は白と黒が入り混じる。1羽1羽模様が違うので見比べも楽しい。

### 足

ベースは黒で、白やピンクが入り混じりユニーク。足裏は遊泳時に保護色になる黒色。

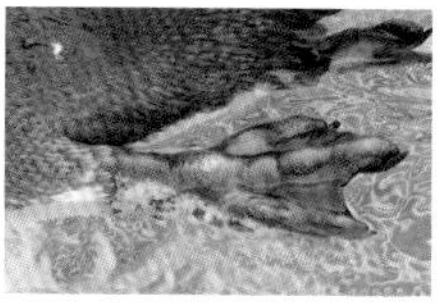

### 目

虹彩は茶色系、赤褐色系など。成長に伴い色が変わっていく。目の周りはピンク色。

### 体色

背側は黒、腹側は白。のどの下にある黒い帯が2本なのがマゼランペンギンの証！

### 声

声は野太く、ロバにそっくり。英語ではジャッカス（ロバ）ペンギンとも呼ばれる。

の部分が囲み、周りをさらに白帯が囲むところまでは同属2種と同じですが、マゼランはのど元まで白帯が伸びています。その帯は曲線美に満ち、エレガントな印象。

この特徴的な2本帯については、「海の中で魚を混乱させ捕まえやすくする効果がある」という説があります。

さらに、ほか2種より白帯が太めで、下クチバシ付け根に白い縁取りもあります。こうしたマゼランだけの特徴に気づけるようになることこそ、ペンギン観察の奥深い魅力でしょう。長崎ペンギン水族館では、フンボルト、ケープ、マゼランを一度に見られるので、ペンギンファンならぜひご訪問を。

マゼランの野生種は、南アメリカ沿岸部に生息し、フォークランド（マルビナス）を含む島々で巣を作り繁殖します。

# マゼラン おもしろショット集

独特の模様がファンのハートをわしづかみ。
魅力を探ってみましょう。

## マゼラン4コマ劇場

エサを持った飼育員が見えると、ペンギンが波のように押し寄せる。長崎ペンギン水族館は多羽飼育しているので圧巻。

胸の2本の黒い帯模様は狩りに役立つとか。この帯が魚を混乱させる効果があるとの話だ。

パーフェクトな防水性能を得るため陸上のみならず、水上でも羽のケアにいそしんでいる。

## タマゴからどう育つ？
# マゼランすくすく成長日記

成長過程も不思議でかわいいマゼランペンギンの成長のストーリーです。

卵

ヒナ：生後1日

ヒナ：生後約30日

◆**卵**：6.8cm、短径5.0cm。

◆**体重増加の目安**：生後1日 80g、生後約30日 1,900g（長崎ペンギン水族館で孵化したヒナの体重の平均値）。

ヒナは綿羽という灰色の羽毛で覆われますが、保温性・防水性が低いので両親にぴったりくっついて育ちます。60〜70日で大人の羽に生えかわりますが、胸の模様は不明瞭。約2年かけて大人同様になります。なお、このページの写真は長崎ペンギン水族館にお借りしましたが、マゼラン飼育羽数日本一の上越市立水族博物館 うみがたりも必見。春は、多数のペアの子育てとさまざまな成長段階のヒナが一度に見られる季節です。

写真提供：長崎ペンギン水族館

### 青色に渋く輝く最小のペンギン

# コガタペンギン

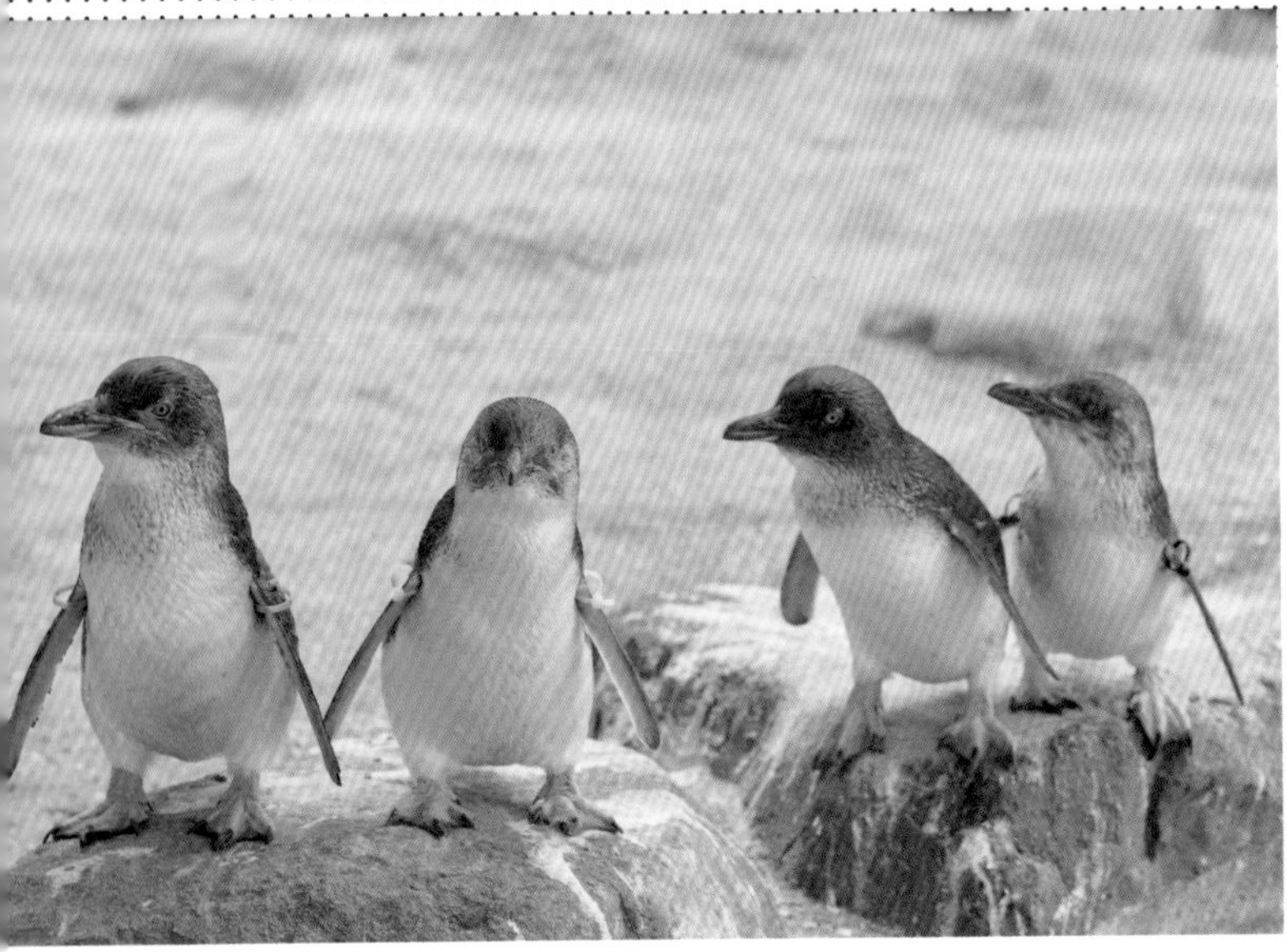

## 神秘的なブルーの羽とクールな目元が魅力

コガタペンギンは、世界最小のペンギン。クチバシの先から尾の先端までの長さが30～40㎝とかなり小柄です。

最大種であるエンペラーと比べるなら、コガタ成鳥の体長がエンペラーのフリッパーにやや勝つほど。コガタを初めて見たお客さんが「ペンギンの赤ちゃん！」と言っているのもうなずけます。

小さな体はいつも前傾ぎみ。ぎこちない足取りで動くことが多い癒やし系ですが、エサの時間は飼育員に猛烈なアタックを見せることも。クチバシは小さいのですが、先がカギ型になっていて、かまれるとかなり痛いという話！

コガタペンギンにはフェアリーペンギン（フェアリーは妖精という意味）、ブルーペンギンなどの別名もいろいろあります。ブルーは背中が青みがかった色をしていることに由来するのでしょう。水に濡れると青色が強調され、ひと際美しく見えます。

**基本データ**

【 和名 】コガタペンギン

【 英名 】Little penguin

【 学名 】*Eudyptula minor*

**身体データ**

【 体長 】約35cm

【 体重 】約1.0kg

# 体のパーツをじっくりチェック

### 目

青みがかった浅い灰色で、目つきは鋭い。陸上では夜行性、暗いところでも目が見える。

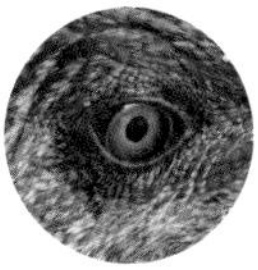

### クチバシ

全体が黒っぽく先端はカギ型に曲がっている。若鳥は淡い色で、成長に伴い色が濃くなる。

### 足

全体的に白っぽいピンク色をしている。大きく黒いツメがよく目立つ。

## タマゴからどう育つ?
# コガタすくすく成長日記

健全な繁殖のため行われているさまざまな取り組みと、かわいいヒナの成長をご紹介。

卵

ヒナ:生後1日

ヒナ:生後約30日

- **卵**:6.8cm、短径5.0cm。
- **体重増加の目安**:生後1日40g、生後約30日 800g(長崎ペンギン水族館で孵化したヒナの体重の平均値)。

国内では同一血統の個体が増え、健全な繁殖が見込めないので、各施設が協力しながら繁殖に取り組んでいます。幼鳥は大人に似ていますが色の薄さなどで見分けられます。

写真提供:長崎ペンギン水族館

もっと知りたいCOLUMN

# フンボルトペンギン

多くの水族館や動物園で見られるフンボルトペンギン。繁殖力が強く、ヒナ誕生のニュースを耳にする機会は少なくありませんが、生息地のチリやペルーでは絶滅が危惧されています。

理由は、人間の活動や気候変動などによって、エサが枯渇したり、繁殖地が破壊されたりといったことです。また、エルニーニョ現象（太平洋赤道域の海面水温が平年より高くなる現象）による影響も深刻です。

こうした事情もあり、フンボルトはワシントン条約で保護対象となりました。そのため、日本への輸入は禁止になり、生体のみならず骨格標本の取り扱いも厳しく規制されています。

そんなフンボルトを救うためには、日本で生まれた個体をしっかり管理し、次世代につなげていくことが必要です。フンボルトは日本での繁殖実績は多いですが、すでにたくさんの子孫がいるペアから多産すると、遺伝的多様性が損なわれてしまうという問題があります。「フンボルトは夫婦仲良し」と喜んでばかりいられない現状があるのです。

さらに、近年激甚化する鳥インフルエンザにより、隔離を余儀なくされ、理想的な繁殖ができないという事情もあります。鳥インフルエンザはペンギンにとってそれほど驚異ではないという考えもありますが、対策は必要です。

そこで、遺伝的に適切なペアを見つけ、安定的に子どもを増やしていくことが重要です。そのため、動物園や水族館の垣根を超えて、個体の貸し借り（ブリーディングローン）、近親交配や過剰交配の防止（血統管理）などの取り組みを行っています。

# 2章

## ペンギン追っかけカレンダー

日本で暮らせば、ペンギンも日本の四季に合わせて
恋や子育てをするように。換羽、ヒナ誕生など、
1年を通じてじっくりとペンギン観察をしてみませんか？

個体差や地域ごとの気候のため、完全にこの通りになるわけではありませんが、各施設からの情報提供や過去の実績をもとに、1年を通じてペンギン観察の見どころがわかる表を作成しました。多様なペンギンのライフサイクルをお楽しみください。

| | 6月 | 7月 | 8月 | 9月 | 10月 | 11月 | 12月 |
|---|---|---|---|---|---|---|---|
| | | 産卵 | | | ヒナ誕生 | | |
| | 産卵 | ヒナ誕生 | ヒナ誕生 | | | | 旭山動物園「ペンギンの散歩」↓ |
| | | | | | 産卵 | 産卵 ヒナ誕生 | ヒナ誕生 |
| | | | | | 産卵 | 産卵 ヒナ誕生 | ヒナ誕生 |
| | | | | | 産卵 | 産卵 ヒナ誕生 | ヒナ誕生 |
| | | | 換羽 | 換羽 | | | |
| | ヒナ誕生 | | 換羽 | 換羽 | | | |
| | 換羽 | | | 産卵 | 産卵 ヒナ誕生 | ヒナ誕生 | |
| | 換羽 | | | 産卵 | 産卵 ヒナ誕生 | ヒナ誕生 | ヒナ誕生 |
| | ヒナ誕生 換羽 | 換羽 | 換羽 | | | | |
| | 換羽 | 換羽 | | | | | |

長崎ペンギン水族館「ふれあいペンギンビーチ」

= ペンギン関連のイベント　= 換羽　= 産卵　= ヒナ誕生

※エンペラーはアドベンチャーワールド、キング・ケープ・フンボルト・マゼラン・コガタは長崎ペンギン水族館、アデリー・ヒゲ・ジェンツーは名古屋港水族館、キタイワトビは男鹿水族館GAO、ミナミイワトビは下関市立しものせき水族館「海響館」からの情報提供や過去の実績を主な情報源としました。

※マカロニは繁殖が困難なためこの表には掲載していません。

※個体差、四季や天候、感染症予防などによる変動がありますので目安としてご覧ください。

# 12か月のペンギン追っかけカレンダー

| | 1月 | 2月 | 3月 | 4月 | 5月 |
|---|---|---|---|---|---|
|  エンペラーペンギン |  |  | | | |
|  キングペンギン | 旭山動物園「ペンギンの散歩」 | | |  |  |
|  アデリーペンギン |  |  | | | |
|  ヒゲペンギン |  |  | | | |
|  ジェンツーペンギン |  |  | | | |
|  キタイワトビペンギン | | |  |  |  |
|  ミナミイワトビペンギン | | | | |  |
|  ケープペンギン |  |  |  | | |
|  フンボルトペンギン |  |  |  | | |
|  マゼランペンギン | | | |  |  |
|  コガタペンギン | | |  |  |  |

## 充実したペンギンウォッチングのために（監修・上田一生）

「12か月のペンギン追っかけカレンダー」は、日本国内で飼育されているペンギンたちの標準的な生活史をまとめたものです。南半球にいる野生のペンギンたちの暮らしぶりを紹介したものではありません。

また、屋外で飼育されている場合は、その地域の気候によって、同じ種でも生活リズムにはズレや違いが生じます。特に、一年中屋内で飼育され、しかも南半球の日照時間や季節変化に合わせて室内環境がコントロールされている場合は、さらに大きく生活史が異なります。例えば、長崎ペンギン水族館と海響館は日本の季節通りですが、名古屋港水族館は逆です。飼育環境に注目すると、より興味深く観察できるかもしれません。

# あいペンギンビーチ」へ!

## 長崎の自然の海で フンボルトが自由に泳ぐ

長崎ペンギン水族館では、9種類のペンギンを飼育し、飼育種数は世界一を誇ります。

さまざまなペンギンがそれぞれの生態に沿ったリズムで暮らしているので、何度行っても新しい発見があります。ペアが巣を作っていたり、若いペンギンが展示デビューしたりと、どの季節も見応えたっぷり。

1年を通じて実施される「ふれあいペンギンビーチ」ですが、夏は必見。水族館に隣接する海の一角を網や柵で囲い、その中を自由に遊ばせるという内容。長崎の夏の海にフンボルトペンギンがとても映えるんです。時間になると、フンボルトがスタッフの誘導で、飼育場から海に歩いていきます。

①飼育個体のうち約10羽がイベント登場メンバー。イベントのある日は、朝から「今日は遊べる!」という気合いを感じるそう。②間近で観察するチャンス。③エサやりの見学のほか、エサをあげる体験もできる(参加券が必要、有料)。④海に入って泳いだりと、自由な姿を見せてくれる。

# 夏は「ふれ

海に到着したら、エサやり体験(有料)が行われ、その後はペンギンたちのフリータイム。

ふれあいペンギンビーチは、動物福祉の観点から高く評価され、「エンリッチメント大賞」を受賞したこともあります。この賞は、市民ZOOネットワークという団体が、飼育動物の生活環境を豊かにする工夫など(環境エンリッチメント)を推進するためのものです。

台風や雨、鳥インフルエンザなどにより中止となることも少なくないので、長崎ペンギン水族館公式サイトや天気予報をチェックし、晴れた日にぜひ訪れてみて。

**長崎ペンギン水族館**
**「ふれあいペンギンビーチ」**
**日程:** 年中実施(土・日・祝日)
**メモ:** 10時30分ごろ～14時ごろ


※天候や海の状態、感染症などの事情により内容や期間が変更、イベント中止となる場合があります

# 冬は北海道か東北へ！

## キングペンギンが雪の中を元気に散歩

ペンギンが好きになると、冬も楽しみ。人気イベント「ペンギンの散歩」が始まるからです。

旭山動物園では、例年12月下旬ごろから翌年3月ごろまでがイベント期間。キングペンギンがゆったりと園内を30分ほど歩き、観客は通路沿いから見学できます。ペンギンがソリのようになって腹すべりをする「トボガン」も見られるかも。

とはいえ、北海道は寒い！ 2022年の大寒波では旭川空港全便欠航、交通機関や道路にも影響が出ました。ですが、雪がなければペンギンの散歩はできません。また、実施時間は11時、14時30分の1日2回ですが、春に向けて雪が減り、換羽も始まると散歩の回

**旭山動物園「ペンギンの散歩」**
**日程：**12月下旬～翌年3月下旬
**メモ：**毎日実施。11時～、14時30分～（3月は11時～のみ）

**おたる水族館「雪中さんぽ」**
**日程：**12月中・下旬～翌年2月下旬
**メモ：**毎日実施。11時30分～、12時40分～、14時40分～

**仙台うみの杜水族館「ウィンターペンギンパレード」**
**日程：**12月～翌年2月下旬
**メモ：**毎日実施。時間や回数は時期により異なる。天候により雪がないことがある

①旭山動物園のペンギンの散歩の様子。ジェンツーが出てくることも。②仙台うみの杜水族館のウィンターパレード。③おたる水族館の散歩はジェンツーペンギンが主役。④キングペンギンはときどき腹ばいになって進む「トボガン」を見せてくれる。⑤散歩の途中で一休みするジェンツーペンギン。

数も減少。だから、雪もペンギンの元気もいっぱいの1～2月がおすすめ。防寒と余裕のある旅程が大事です。

同じ北海道では、おたる水族館の「雪中さんぽ」も見逃せません。ちなみに同館の夏は、フンボルトが「ゆるかわいい」と評判のショーを見せてくれます。

東北では、仙台うみの杜水族館の「ウィンターペンギンパレード」が見もの。キング、ジェンツーなどが、屋外の観覧ゾーンに登場します。

さてこれらの散歩、エンタメ性だけでなく、ペンギンの運動不足解消などの効果もあるそう。「足を少し引きずるような個体がいましたが、散歩開始後は回復していることもあり、健康管理の効果はあるのかなと感じています」と、旭山動物園の担当者。

※天候や海の状態、感染症などの事情により内容や期間が変更、イベント中止となる場合があります

1月

# 天然ダウンを着たペンギンは冬でも元気に暮らしてます！

正月イベントは多々あれど、越前松島水族館「ペンギンの初詣」は必見です。

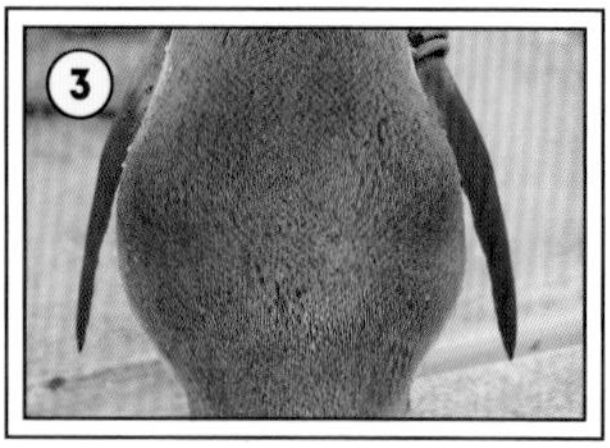

①強風で散った葉で遊ぶフンボルト（夢見ヶ崎動物公園）。②鳥インフルエンザ対策のため生体に変わって、ペンギンパネル登場（サンシャイン水族館）。③ぽっちゃり体型のフンボルト。おせちを食べすぎちゃった!?（夢見ヶ崎動物公園）。④若いヒナを泳ぎに誘うケープ親（恩賜上野動物園）。⑤正月恒例「ペンギンの初詣」（写真提供：越前松島水族館）。

2月

# 雪でケープが大慌て<br>キングペンギンは元気に散歩中

雪が多いうち、換羽前が大チャンス。旭山動物園の「ペンギン散歩」はお早めに。

①・②すみだ水族館のマゼランたちは、3〜5月が繁殖期。③2023年2月10日、積雪。雪に弱いケープが大慌て？（写真提供：サンシャイン水族館）。④羽の防水・防寒性能◎なので寒い日もよく泳ぐ（サンシャイン水族館）。⑤鳥インフルのため網で囲われ、遠くからしか見られないけど、みんな元気（ヒノトントンZOO 羽村市動物公園）。⑥確かな足取りで雪道を散歩（写真提供：旭山動物園）。

3月

# 明るくなる日差しが春を告げ フンボルトたちは恋の季節

日長（1日のうちの明るい時間の長さ）が伸びることで、動物が恋の季節を知るのです。

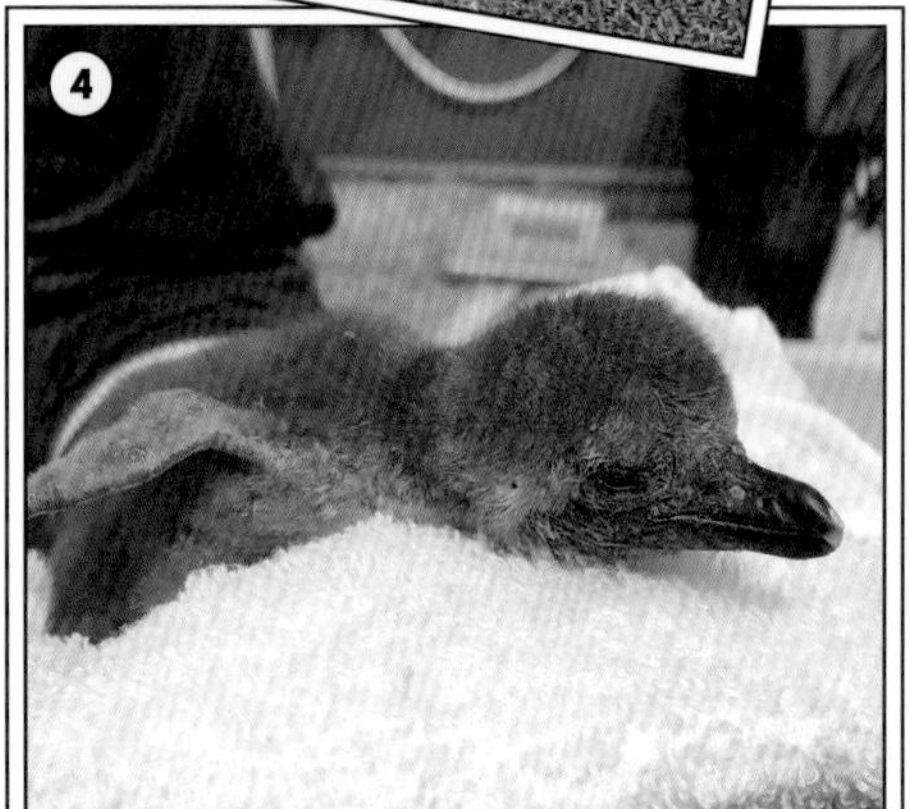


①桜の花びらをまとうフンボルト（写真提供:ヒノトントンZOO 羽村市動物公園）。②若いヒナが暖かな日差しを浴びてのんびり（天王寺動物園）。③・④3年ぶりにケープヒナ誕生。鳥インフルエンザによる隔離もあり困難な状況ながら、スタッフが孵卵器で温めて生まれる直前に親元に戻す方法で成功。初めて育てるペアだがしっかり育雛中（③・④共に写真提供:サンシャイン水族館）。⑤フンボルトも恋の季節。この個体はこのあと交尾をした（よこはま動物園ズーラシア）。

4月

# 巣作り、交尾と…恋の季節。キングペンギンは換羽で大変！

交尾をする者、巣作りに精を出す者……そう、愛と換羽の季節です。

①ジェンツーの交尾を確認。②ミナミイワトビはせっせと巣材運び。③マカロニが相互羽づくろいで愛を育む。写真はメスからオスに。④フンボルトも営巣行動（穴掘り）中。4～5月、10～3月が見られるチャンス。⑤キングは換羽中（①～⑤の写真提供：下関市立しものせき水族館「海響館」）。

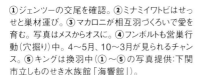

5月

# 一部は換羽まっさかり！
# モフモフペンギンに会えるかも

人もペンギンも過ごしやすい季節。換羽の子たちは頑張って！

①換羽中のため、ネコミミのようなヘアスタイルになったコガタ。②キングも換羽中（①②共に写真提供:長崎ペンギン水族館）。③チョウを追いかけるケープは春の風物詩（マリンワールド海の中道）。④ケープも換羽で普段よりおとなしめ（サンシャイン水族館）。

6月

# あちこちでふわふわのヒナ誕生 成長は早いので見逃さないで！

春の恋が実を結び、ヒナ誕生。ずっと見ていると、「親戚の子」みたい。

①ミナミイワトビもヒナ誕生（写真提供:下関市立しものせき水族館「海響館」）。②フンボルトペンギンのヒナも誕生。写真は生後30日ぐらい（写真提供:長崎ペンギン水族館）。③フンボルトペアのディスプレイ（千葉市動物公園）。

7月

# 猛暑でフンボルトの顔も赤い？ ジェンツーは巣ごもり中

暑さに強いフンボルトですが、近年の酷暑ではちょっと辛い？

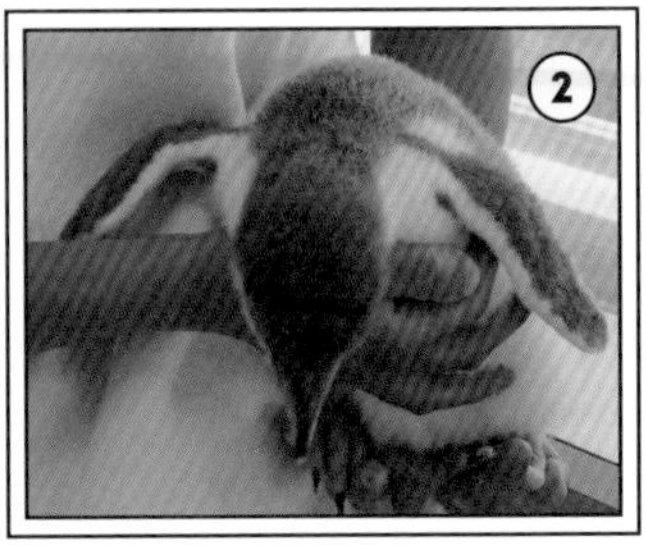

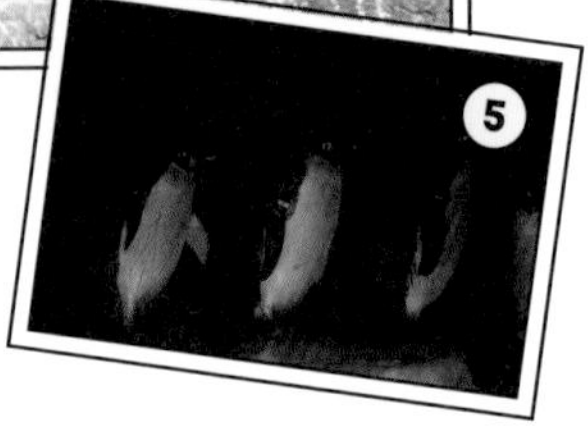


①暑さでフンボルトのクチバシ周りが赤い！（下関市立しものせき水族館「海響館」）。②2012年、ジェンツーヒナのお披露目に遭遇（南知多ビーチランド）。③ジェンツー抱卵中（長崎ペンギン水族館）。④フリッパーの動きが愉快なキタイワトビ（長崎ペンギン水族館）。⑤外は夏でも南極の暗い冬を再現（名古屋港水族館）。⑥フンボルト、ケープ、マゼランが夏を満喫中（長崎ペンギン水族館）。

8月

# セミで遊ぶペンギンは夏の風物詩！ 氷をもらってキングもごきげん

換羽が終わった温帯ペンギンはプールを満喫！　暑さに弱いキングたちは氷に大喜び。

①夏の日差しを浴びるフンボルト（アクアワールド茨城県大洗水族館）。②プールの壁越しに人を追いかけてくるフンボルト（おたる水族館）。③セミを水中に沈めて遊ぶフンボルト（よこはま動物園ズーラシア）。④キングが育雛中（写真提供:長崎ペンギン水族館）。⑤ミストシャワーで涼むケープ（恩賜上野動物園）。⑥氷をもらったキングたち（写真提供:旭山動物園）。

## 9月

# 残暑厳しい季節は泳ぎペンギンで涼しげに

長崎はまだ夏！　台風や鳥インフル流行を注視しながら「ふれあいペンギンビーチ」へ。

①一年中「ふれあいペンギンビーチ」実施中。天気の良い日にぜひ（長崎ペンギン水族館）。②目に涼しい泳ぐキング（横浜・八景島シーパラダイス）。③換羽を終えツヤピカのコガタ。後ろの子たちはエサに突進（長崎ペンギン水族館）。④南米出身フンボルトも日本の残暑はきついかな（東武動物公園）。

**10月**

# 行楽シーズン到来！秋のペンギン観察もまた風雅

風に舞う落ち葉を追いかけたり、ペンギンも秋を満喫？

①大人の羽に生えかわった若いマゼラン。全身ツヤツヤ（長崎ペンギン水族館）。②ケープもパレードに参加（登別マリンパークニクス）。③「ペンギンパレード」は毎日開催（登別マリンパークニクス）。

11月

# 寒くて人間が出不精になってもペンギンはみんな元気です

寒くて出かけるのが億劫なときも、心にペンギンを。

①ケープの巣箱（バックヤード）では、仲良しペアが抱卵中（サンシャイン水族館）。②フンボルトペアがいちゃいちゃ（下関市立しものせき水族館「海響館」）。③南米原産のパンパスグラスを巣材として運ぶフンボルト（海響館）。④こちらでもフンボルトが恋の季節？（伊勢シーパラダイス）。⑤相互羽づくろいで絆を深めるミナミイワトビペア（海響館）。⑥いつも元気なジェンツー（海響館）。

12月

# 外は冬でも水槽内は夏？名古屋港にヒナを見に行こう！

特に楽しみなのは名古屋港。水槽内に南極の夏を再現し、繁殖・子育て最盛期です。

①ケープ展示場にツリー登場（マリンワールド海の中道）。②・③2022年リニューアル「ペンギンエリア」。地形を生かした陸上部分と、深いプールを楽しむフンボルト（福岡市動物公園）。④フンボルトの生息地を再現した「ペンギンヒルズ」は何度もエンリッチメント大賞受賞（埼玉県こども動物自然公園）。⑤外は冬でも水槽内は南極の夏を再現（名古屋港水族館）。⑥ヒナの体重測定公開を見逃さないで（名古屋港水族館）。

## もっと知りたいCOLUMN

# ジェンツーペンギン

飼育員、ペンギンファンからの人気はトップクラスのジェンツーペンギン。魅力の第一は、姿の美しさでしょう。

ジェンツーは 両目をつなぐ白いヘアバンド状の模様と、オレンジ色のクチバシが特徴です。白黒ベースのシックなカラーリングのペンギンが多い中、よく目立っておしゃれです。

見た目の魅力だけでなく、動きが楽しいのもジェンツーならでは。陸上に上がっても、フリッパーを高く上げ、せかせか・すたすた歩きます。歩き始めたばかりの人間の赤ちゃんのようにキュートです。

かわいい！　と見とれていると、突然超速で泳ぎ始めたりするから、ちょっとびっくり。「ペンギン全種の中でもっとも泳ぎが速い」ともいわれ、遊泳時速は35kmにも達するほど。また、潜る能力も高く、水深80mくらいまで潜ることもできます。ちなみに、潜水には２パターンあり、深く長時間潜水するときと、浅く短時間潜水するときがあります。また、イルカのように水面ジャンプを繰り返しながら泳ぎ続けることもできます。

繁殖行動も興味深く、巣に運び入れる小石を巡って争ったり、オスがメスに小石をプレゼントしたりと、おもしろい習性を見せてくれます。身体能力は高いしおもしろいしで、ジェンツーはすごい！　ちなみに、ここまでは成鳥の話で、ヒナも抜群の愛らしさです。背中側が灰色で腹側が白色、全身ふわふわ・ふかふかで、まるでぬいぐるみ。 成長すると仲間同士で集団「クレイシュ」を作ります。ペンギンヒナの保育園なんて、これも最高にかわいいエピソードです。

# 3章

# 骨・羽・タマゴなど ペンギン丸ごと！ パーツ図鑑

陸上ではかわいい二足歩行なのに、水中では超速で泳ぐペンギン。
驚異的な身体能力を生み出す体の仕組みをみていきましょう。
ペンギンの体内部の図解付きです。

# 地上ではヨチヨチ

## かわいいだけじゃない すごすぎる 体の秘密を探る

ペンギンは、主に南半球に生息する海鳥で、飛ぶことができません。丸っこい胴体から短い足が生え、コロンとかわいいシルエット。

フリッパーを上げてスタスタ走り回るジェンツー、足をそろえて飛び跳ねるイワトビ、ペタペタ歩くフンボルトなど、どの種もまるで、ぜんまい仕掛けのおもちゃみたいです。

ところが、水中でその姿は一変。水の中を滑るように素早く泳ぎます。陸上ではぎこちない動きになりがちですが、ペンギンの体は水中での運動に特化しているのです。

その秘密の一つが、フリッパー

# 本当に同じ生き物？

（翼）。中に1枚の板状に癒合《ゆごう》した骨が入っていて、ひとたび上下させるだけで強力な推進力が得られます。フリッパーはオールのような役目も果たし、方向転換も自由自在。

　タキシードみたいな黒と白のカラーも実はすごいんです。上空から見ると黒い背中が海に同化し、海中から見ると白い腹部が空や氷に同化し、敵の目をごまかせます。見事な保護色なのですね。

　知るほどにおもしろい体の仕組みを、パーツごとに細かくみていきましょう。

BODY PART

1

## かわいい体の細部細見

# 骨

飛ぶ鳥の骨は中身がほぼ空洞で軽くなっていますが、ペンギンの骨は中に骨髄《こつずい》が詰まり、重量感満点。このおかげで浮力が抑えられ、深い海の水圧にも耐えられるのです。

水中でオールのような役割をもつフリッパー、筋肉を支える竜骨《りゅうこつ》突起《とっき》もすべて骨が生み出したもの。骨組みは泳ぎに特化しています。

### ❶ 尾椎骨《びついこつ》で舵取り

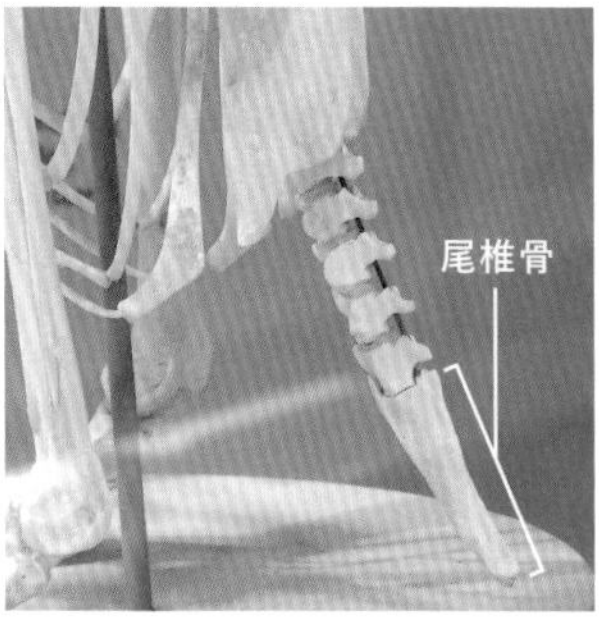


尾椎骨は尾羽を支えたり、遊泳時にバランスを取ったりするのに役立つ。3本目の足のようにも機能し、地面と接する面積を小さくし、体温を保持する役割も。

### ❷ 筋肉を支える竜骨突起

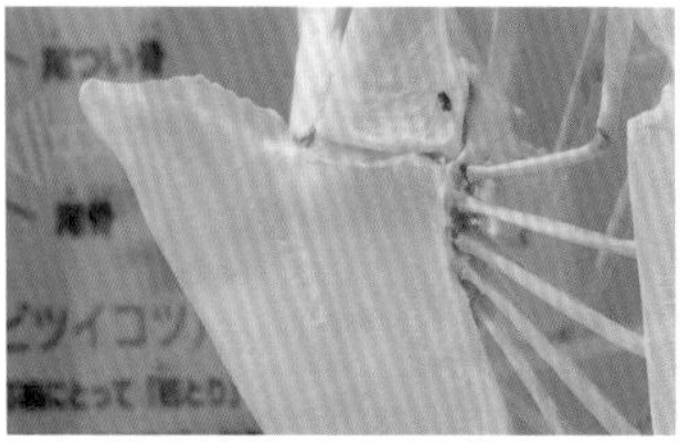

胸の中央にある骨。ペンギンは飛べないが、空を飛ぶ鳥と同じように、フリッパーを動かす筋肉をしっかり支えるこの突起が発達している。

### ❸ 丈夫な跗蹠《ふしょ》骨

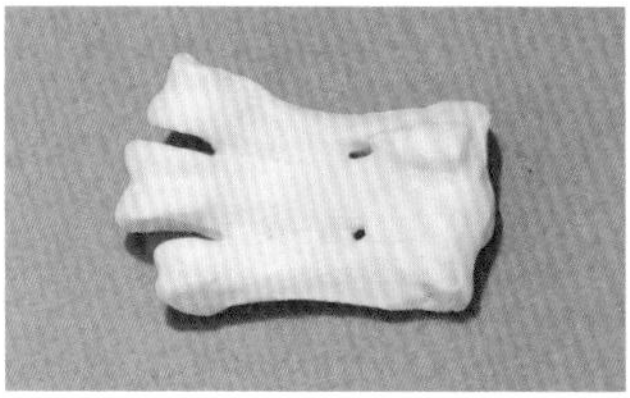

跗蹠骨は、人間の足の甲や裏にあたる部分の骨。ペンギンはそれらが合体して大きな骨になっている。ほかの鳥よりも短く丈夫で、歩行や泳ぎに役立つ。

### ❹ みっちり詰まった骨密度

飛ぶために鳥は骨の中を軽量化したが、ペンギンは泳ぐために骨密度をUP。水中で適度に沈み、泳ぐための筋肉を支えている。名古屋港水族館の資料コーナーで現物を展示。

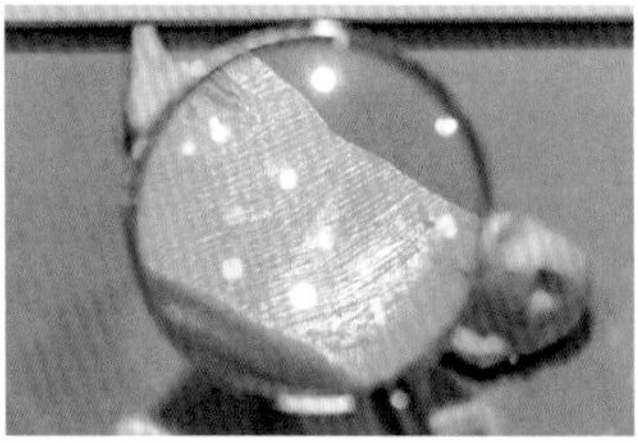

### ❺ 平たく癒合《ゆごう》したフリッパーの骨

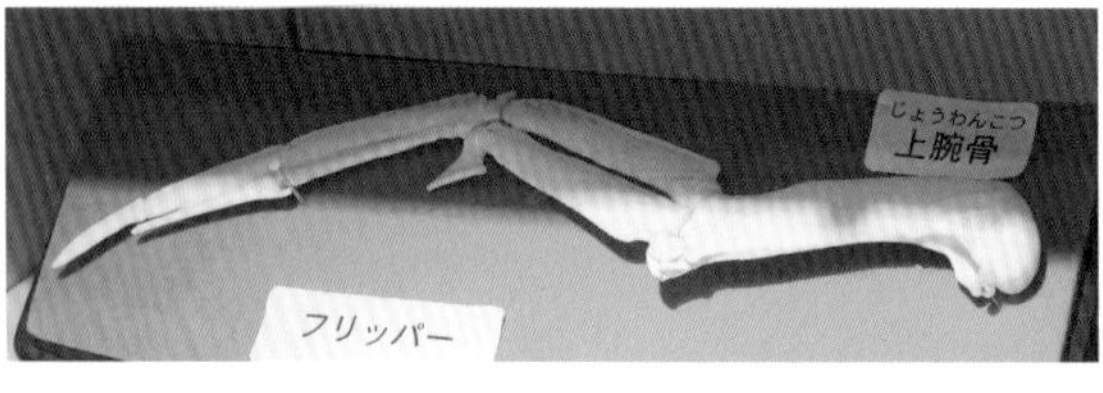


翼はフリッパーと呼ばれる。飛ぶ鳥とは異なり、骨同士が平たく癒合（一体化）し、関節の柔軟性が少ない。その代わりに水中では超速で泳げる。

## ペンギンの全身骨格標本

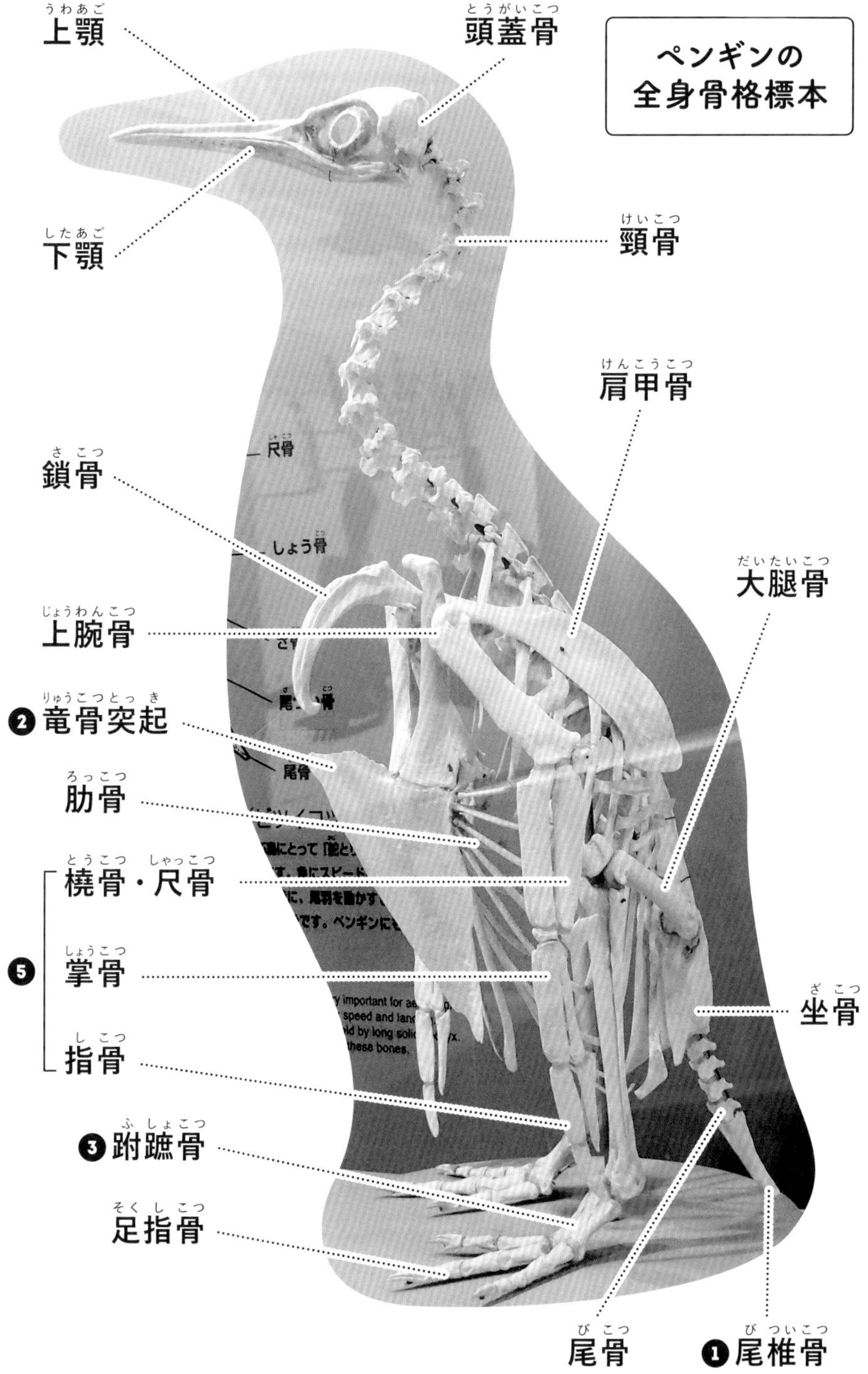



※長崎ペンギン水族館「人鳥資料室」展示の骨格標本をもとにこのページを作成しました。

BODY PART 2

かわいい体の細部細見

# 羽

ペンギンの羽の特徴は、密集して生えること。さらに羽に尾脂腺《びしせん》から出る脂（Ｐ93）を塗ることで防水性は完璧。

羽の種類も豊富で、陸の寒さにもばっちり対応。体表近くに生える綿毛（ダウン）、速い泳ぎにも耐えられる硬い羽のほか、尾羽や冠羽など多彩な羽が生えています。

### エンペラーペンギン

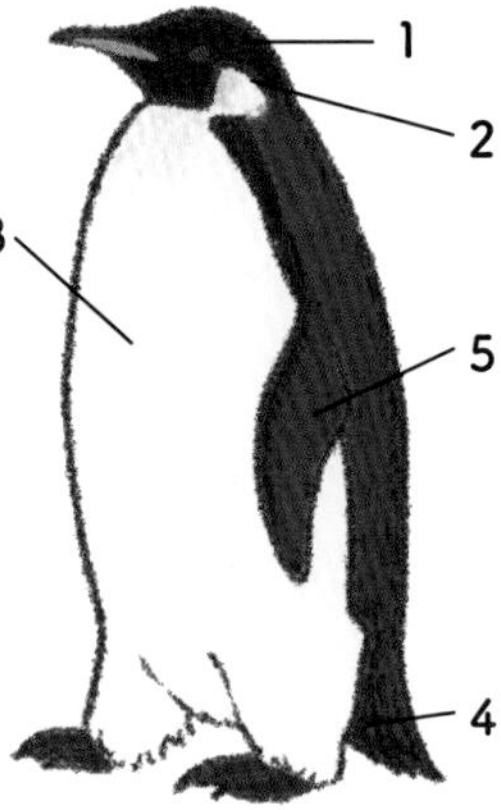

1. 頭

2. 側頭部

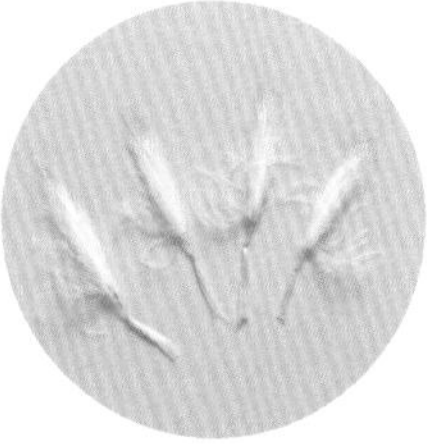

3. 腹部のダウン

4. 尾羽

5. フリッパー

### ヒナ綿羽

ミナミイワトビペンギン

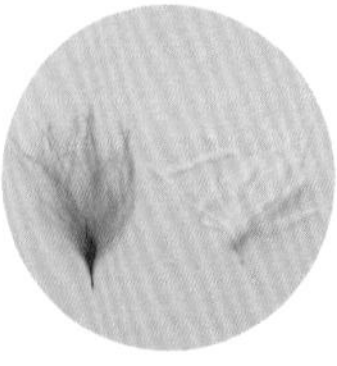

キングペンギン

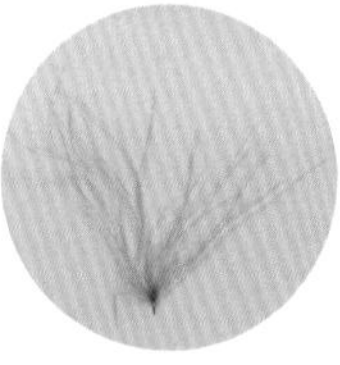

ヒナの頃に生える綿羽（幼羽または幼綿羽）。陸上にいる体を守るため、保温性に優れている。

## キングペンギン

1. 背中

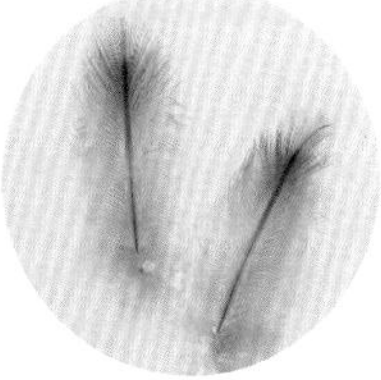

2. フリッパー

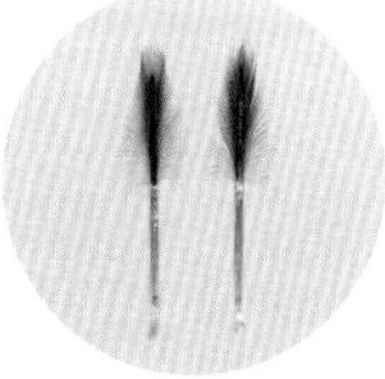

3. 腹

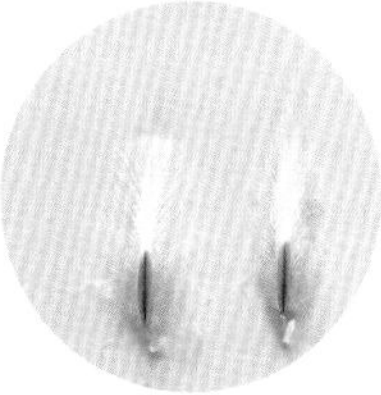

4. のど

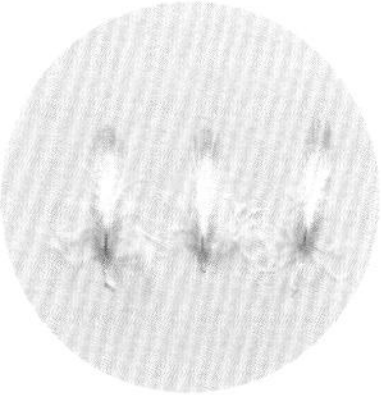

5. 側頭部

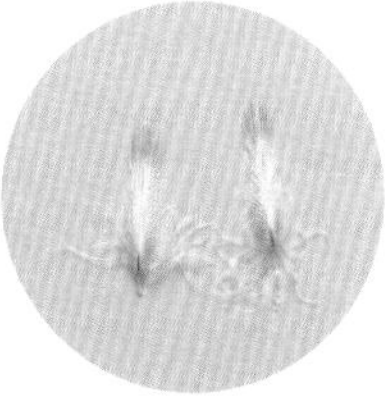

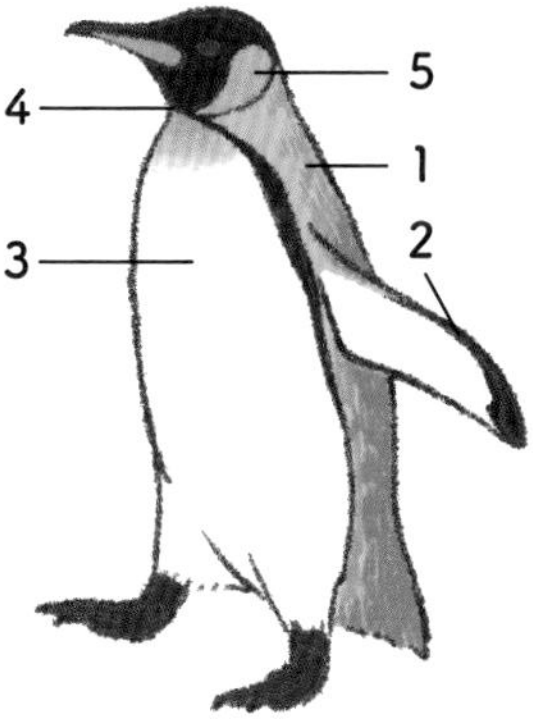


## ジェンツーペンギン

3. 尾羽

2. フリッパー（腹側）

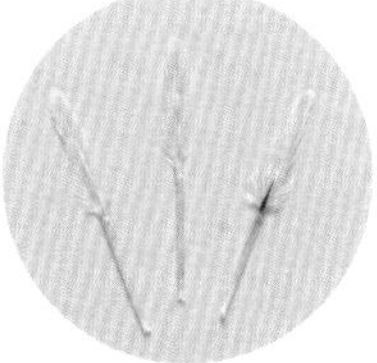

1. 目の周り

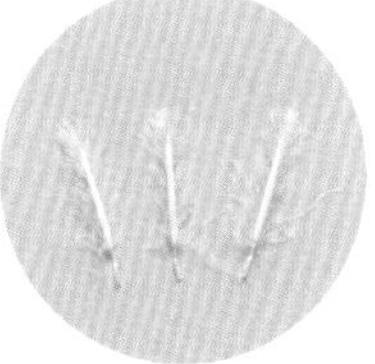

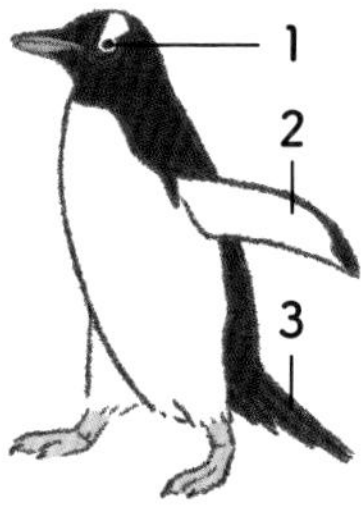


＼ 飾り羽ともいうよ ／

### 冠羽（かんう）

頭に生えている
長い羽のこと。

ミナミイワトビ
ペンギン

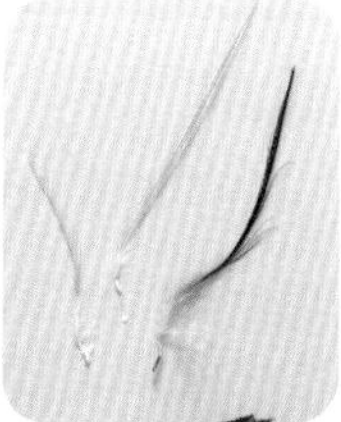

マカロニ
ペンギン

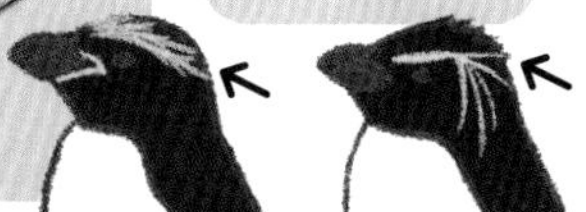

## ケープペンギン

1. 背中

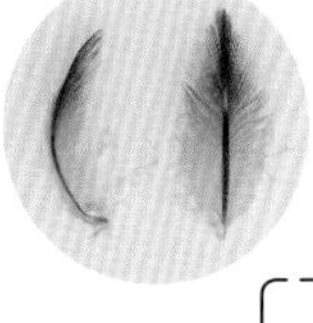

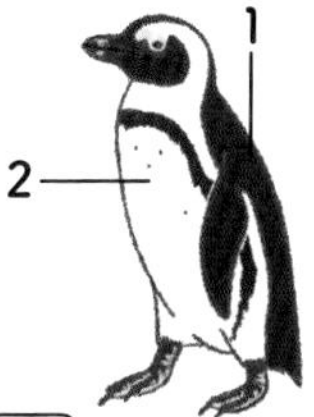


2. 腹

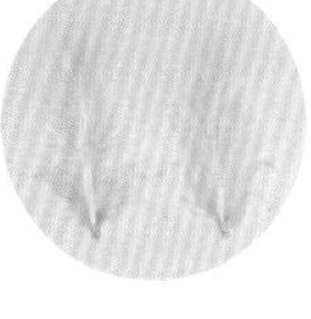

 ※サンシャイン水族館、下関市立しものせき水族館「海響館」、名古屋港水族館に羽をお借りして撮影しました。

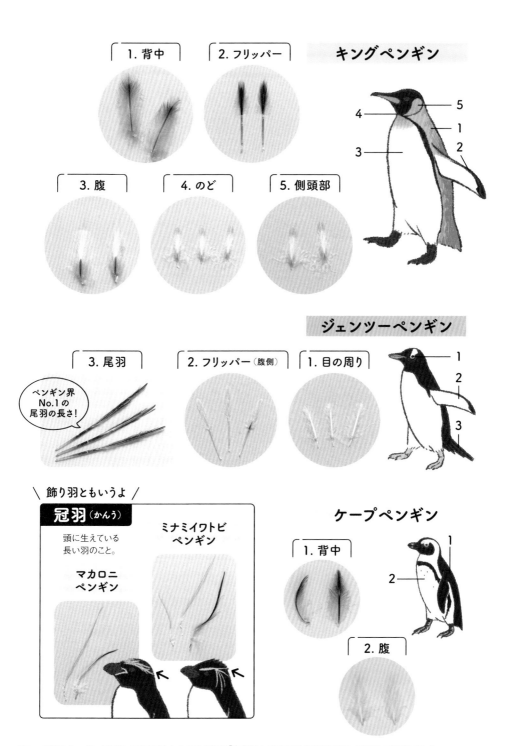

# ボロボロ姿の真実…
# 換羽コレクション

3

4

5

2

1

## おしゃれ？ おもしろい？ ペンギン換羽コレクション

ツヤツヤで美しいはずのペンギンがボロボロ……。どこか体調も悪そう？　初めてペンギンの換羽を見た人はきっと驚くはず。換羽とは、古い羽と新しい羽が生えかわる期間のことです。飛ぶ鳥は羽毛が一気に生えかわると飛翔ができなくなってしまいますが、ペンギンは一気に換羽が起こり、見た目が一変！

そんな換羽は毎年1回、すべてのペンギンに起こります（日本で飼育されていないガラパゴスペンギンは野生下で2回）。

種によって羽毛の密度や換羽期間に違いはありますが、メカニズムは同じ。「新しい羽が生えてから、古い羽が押し出されるように抜けていく」です。

キングペンギン属は
クチバシが落ちる!
下嘴板(かしばん)、
嘴鞘(ししょう)とも
言う(P15)。

①背中の羽が大胆に抜けたコガタペンギン。②目の上の羽毛だけ残り、ネコ耳状態のコガタ。③換羽+三段腹!? で笑いを提供するキタイワトビ。④モヒカン頭のフンボルト。⑤見事な下膨れ換羽?のマカロニ。⑥まるで胸毛!?キングの換羽もおもしろい。クチバシのオレンジ部分も取れる。⑦着ぐるみを着ているみたいなジェンツー。⑧尾羽の上だけ羽毛が残ったキング。⑨鼻の穴に落ちた羽毛が入ったジェンツー。⑩キングのヒナ。足だけ綿羽が抜けて白いズボンを履いているみたい。

モヒカンスタイルになったり、胸の羽毛だけがちょっと残ったりと、ユーモラス。ジェンツーは新しい羽が古い羽と混じってぎゅうぎゅうに生えてから古い羽が抜け落ちます。着ぐるみを着ているよう!

　ペンギンにとって換羽は体力を使う一大イベント。羽がボロボロだと水に潜れないため、本来はエサをとることができません。そのため、換羽前はたくさん食べて栄養をたくわえ、換羽中は絶食です(水族館や動物園などではバッチリもらっています!)。

　さらに、新しい羽は体中の血液をフルに使って生み出されるので、換羽中はエネルギー不足状態。かなり重だるいのかもしれません。

　換羽中のペンギンを見かけたら、今だけのおもしろ姿を目に焼き付けながら、「頑張って」と心の中で応援してあげてくださいね。

※写真提供:2、3…長崎ペンギン水族館。5、6、7、8、9…下関市立しものせき水族館「海響館」。10…仙台うみの杜水族館。

BODY PART 3

かわいい体の細部細見

# フリッパー

飛ぶ鳥の翼は何本もの細い骨で構成されていますが、フリッパーは複数の骨が癒合《ゆごう》し、1枚の厚い板状の骨になっています。水圧をものともせず水中で泳げるのは、頑丈な骨と筋肉に支えられているから。フリッパーの表面は羽がびっしりと生え、種や個体によって見た目や模様の違いが楽しめます。

マゼランペンギン

## フンボルトペンギン属

「恒温動物では、寒い地域にすむものほど体の突出部が短め」というアレンの法則を知ると、フリッパー観察が楽しい。フンボルト属は温帯にすむため、寒冷地の種よりも体に比してフリッパーが長め。この温帯3種でも差異があり、裏側の模様もさまざま。

ケープペンギン

フンボルトペンギン

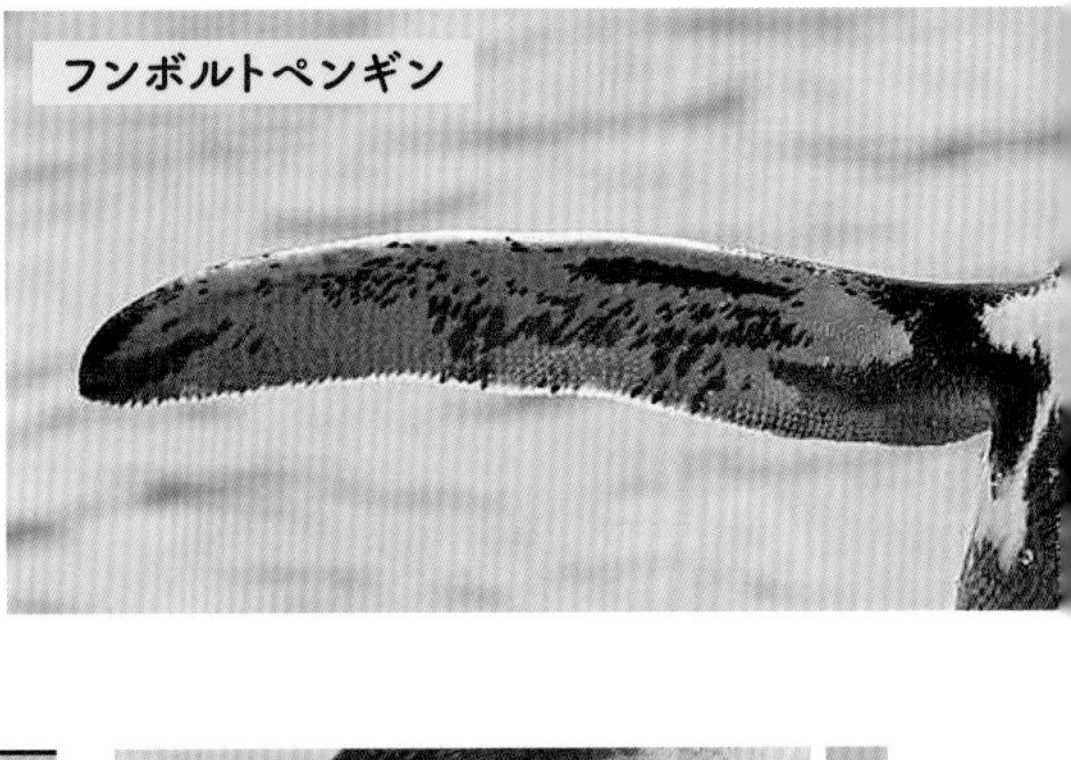

＼ 中には骨が詰まってる！ ／

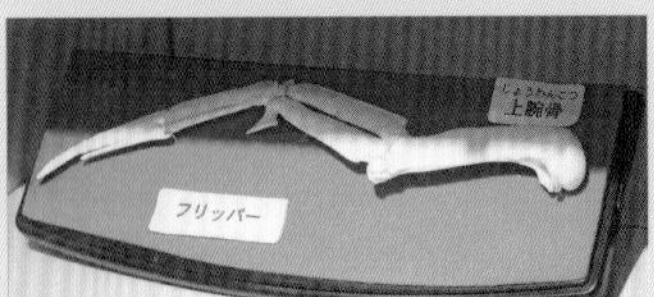


## コガタペンギン属

外側は青みがかった黒〜灰色で、内側は白い部分が多い。陸上ではフリッパーの出番はあまりないが、水中では遊泳や潜水に役立つ。同じコガタペンギン属のハネジロペンギン（国内飼育なし）と似るが、ハネジロのフリッパーには太めの白い縁取りがある。

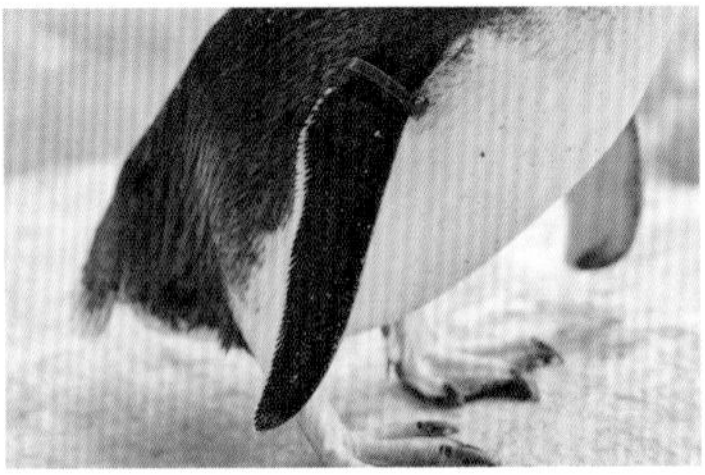

コガタペンギン

## マカロニペンギン属

キタイワトビペンギン

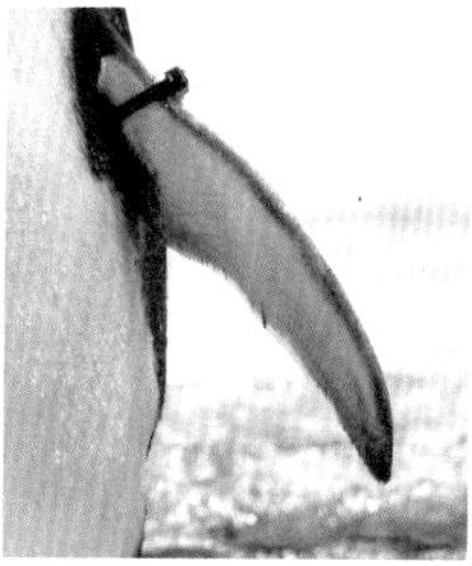

ミナミイワトビペンギン

マカロニペンギン

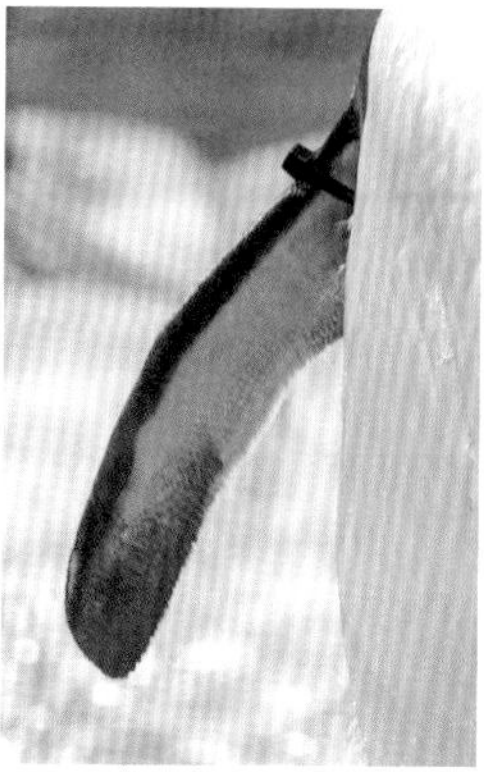

他属同様、背側（外側）は黒系の暗い色。上から水底の色に、下から空の色に同化する保護色だ。フリッパーの裏側の模様が異なる。なぜかこの3種はフリッパーを左右片方だけ上げるしぐさをよく観察できる。

## アデリーペンギン属

フリッパーの外側は背中と同じように黒系の色だが、内側（腹側）は大部分が白系の色。裏側は真っ白ではなく、先端部分だけは黒いのがおもしろいところ。羽毛がぎっしり生え、フリッパーからの放熱を防げる。寒冷地への適応である。

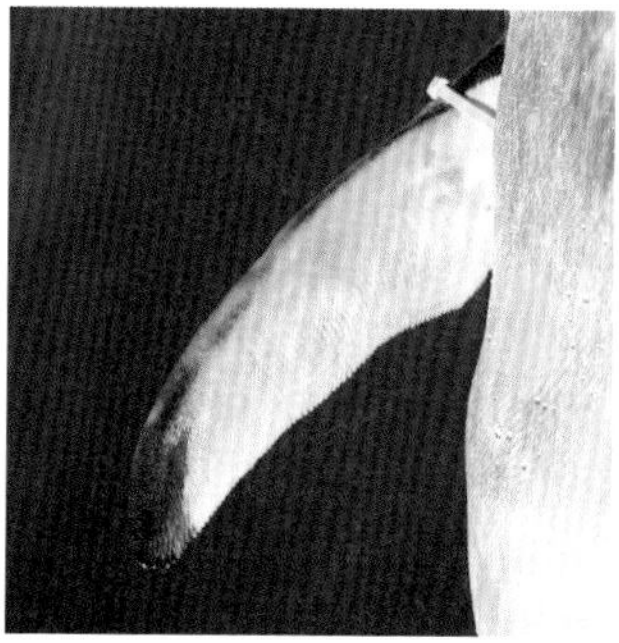

ジェンツーペンギン

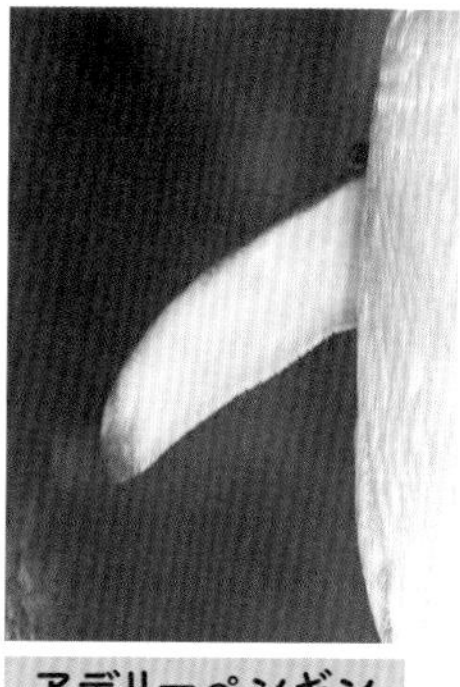

アデリーペンギン

ヒゲペンギン

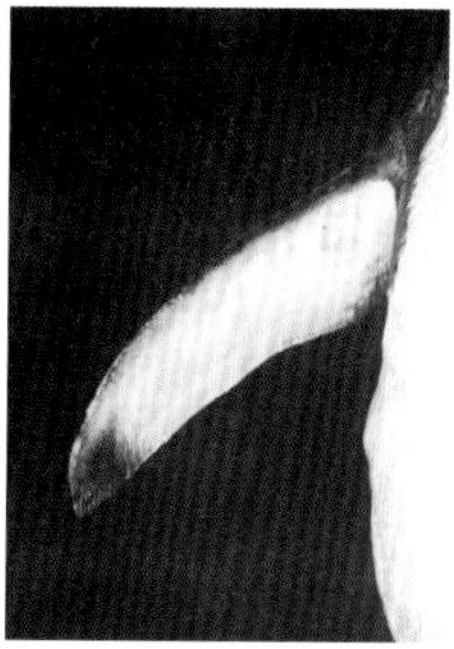

## キングペンギン属

フリッパーは遊泳に適応し、かたく細長い。また、羽毛が密に生え、防寒性能が高い。キングよりエンペラーのほうが、体と比較してフリッパーが短い（アレンの法則）。極寒の南極での寒さへの適応だ。フリッパーを体にくっつけて保温性を高めていることが多い。

キングペンギン

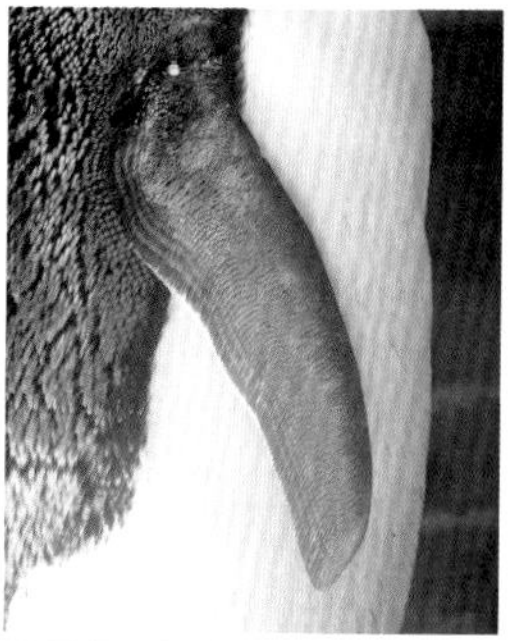

エンペラーペンギン

BODY PART 4

## かわいい体の細部細見

# クチバシ

クチバシを見れば、どんなエサをどうやってとって食べているかある程度わかります。

ペンギンでは、水中で魚などを捕食するのに適した細長く、先がカギ型のクチバシが多く見られます。とはいえ、ペンギンは種ごとに生息地や食性が異なるため、クチバシもまた、多種多様です。

## フンボルトペンギン属

よく似た3種で、全体的に黒っぽいのも共通。クチバシの先端3分の1くらいのところに白い模様が入るが、フンボルトがもっともこの模様が大きく、次いで、ケープ、マゼランとなる。ちなみに、この属に限らず、ペンギンのクチバシは年齢や性別によって変化する。

フンボルトペンギン

＼ 口の中はこうなってる! ／

マゼランペンギン

ケープペンギン

## コガタペンギン属

全体が黒っぽく、すっと細長い形状をしている。寒冷地の種とは異なり、羽毛で覆われていない。先端は鋭く、魚などのエサをとるのに有利。また、ペンギン同士の縄張り争いのためにクチバシを使って戦ったり、巣穴を掘ったりするときにもクチバシは活躍する。

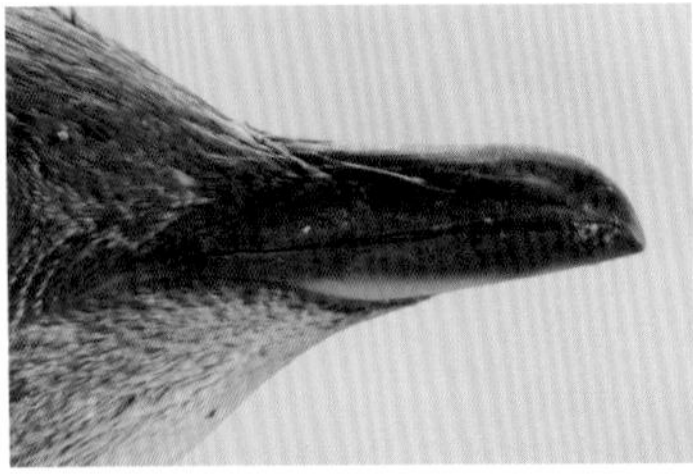

コガタペンギン

## マカロニペンギン属

この3種のクチバシは全体的にオレンジ色で、ところどころに黒が混じる。クチバシのボリューム感があり、よく目立つ。キタイワトビとミナミイワトビは似ているが、キタのほうが体もクチバシも大きめ。若い個体のクチバシはツヤツヤで、加齢によりシワが増える。

ミナミイワトビペンギン

キタイワトビペンギン

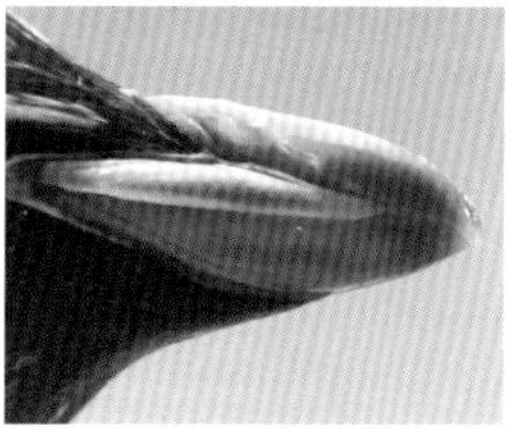

マカロニペンギン

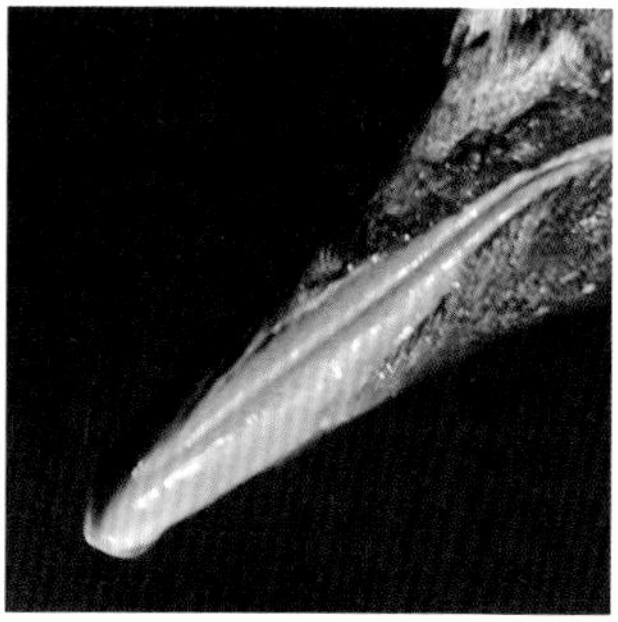

ジェンツーペンギン

ジェンツーは鮮やかな黄色で、エサのオキアミに含まれるカロテン（色素）の影響と考えられている。ヒゲとアデリーのクチバシは全体的に黒いが、アデリーは白い斑紋が入る。ヒゲは先端が鋭く尖っている。どちらも根本に羽毛があり、防寒性能が高まる。

## アデリーペンギン属

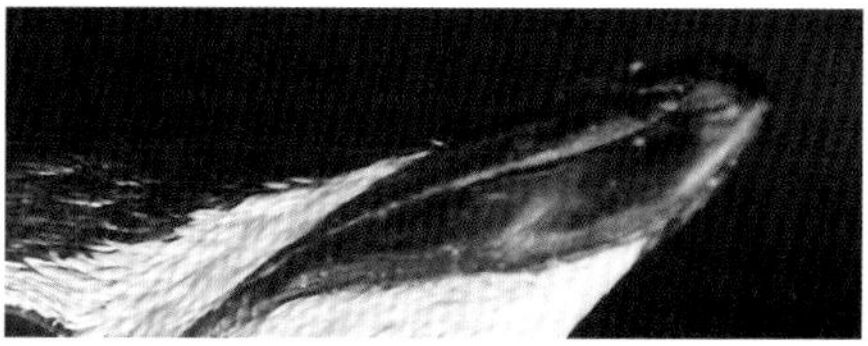

ヒゲペンギン

アデリーペンギン

## キングペンギン属

どちらも細長く、先端が尖っている。下クチバシに下嘴板（かしばん）があり、換羽の時期にはがれ落ちる。落ちてあらわになった部分は黄色いが、次第に赤みが増え、濃いピンク、赤紫色に変化。これは、繁殖適齢期であることを知らせる役割があるようだ。

エンペラーペンギン

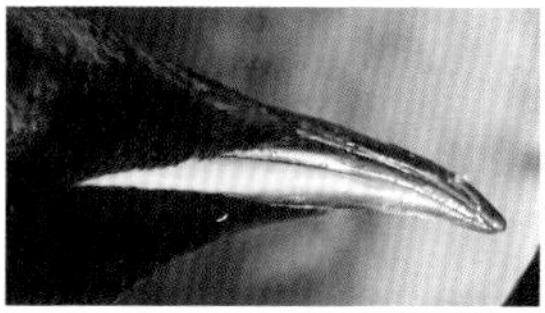

キングペンギン

BODY PART 5

## かわいい体の細部細見

# 目

ペンギンの目は水陸両用。水中では、まぶたを開けたままでも、2枚めのまぶたのような「瞬膜《しゅんまく》」という透明な皮膚が目を保護します。まぶたは上下、瞬膜は左右に開閉する仕組みもすごすぎ！

形はペンギン種により異なりますが、アイリングのあるアデリーと、イワトビの赤い目は特徴的です。

## フンボルトペンギン属

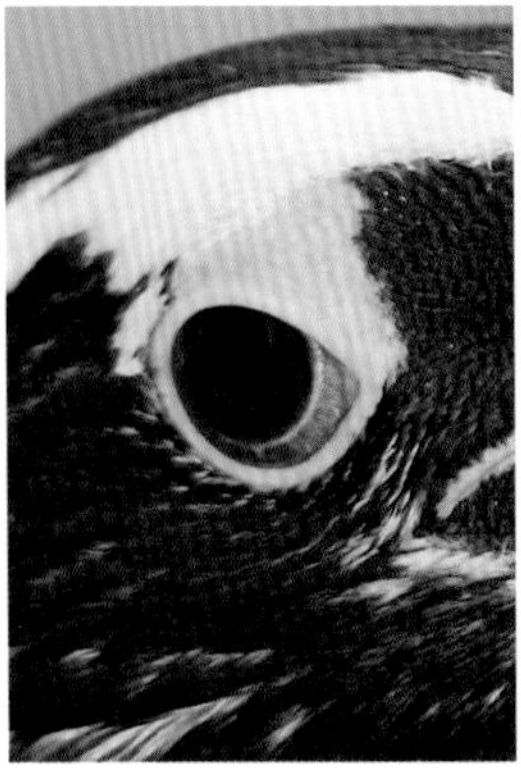
マゼランペンギン

3種はよく似る。丸い目をイメージするが、実際はレモン型で色は灰色、赤茶色など。海響館の飼育員が「フンボルトは目の色が年齢とともに変わる。1歳時は青系の灰色、14年後は赤茶色」と発表している。多くの鳥類でも同様だが、原因やメカニズムは不明。

ケープペンギン
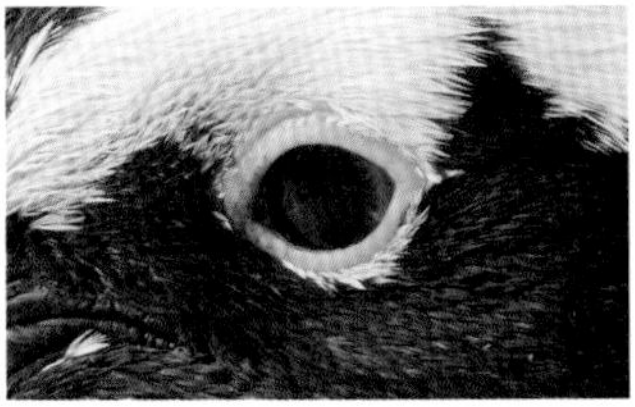

＼ 水中では膜が張る！ ／

フンボルトペンギン

## コガタペンギン属

神秘的な灰色系の青い目をしており、瞳孔は黒い。きりっと鋭い印象だ。ネコの目のように光の量に合わせて瞳孔の大きさが変わるが、ネコとは異なり、瞳孔は円形。暗い環境でも視野を広く確保できるので、日が暮れてから活動することができる。

コガタペンギン

マカロニペンギン

## マカロニペンギン属

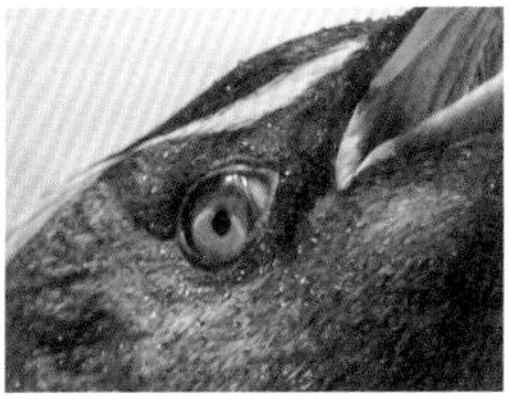

ミナミイワトビペンギン

キタイワトビペンギン

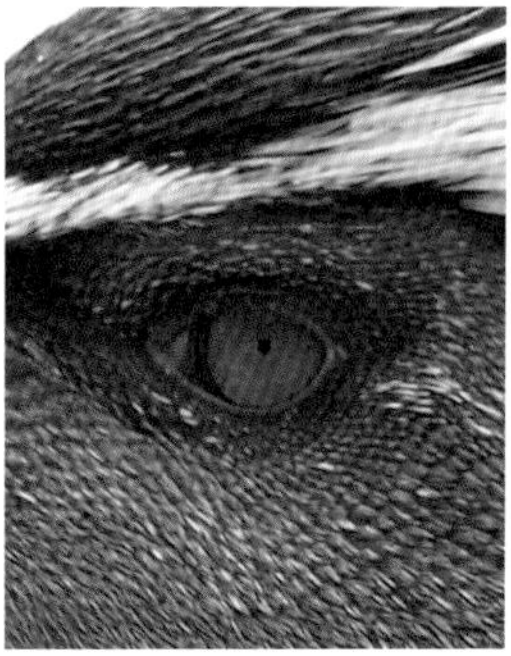

この属は成鳥になると、虹彩が赤系の色になる。マカロニの赤とイワトビ2種の赤とでは微妙な差異がある。が、若いヒナの時期は濃い茶色系で、一度薄くなり黄色っぽくなってからオレンジ色、赤色となることが共通する。どの種も色鮮やかで美しい目をしている。

## アデリーペンギン属

アデリーはペンギン全種中「目力」ナンバーワンだろう。目の周りに白いアイリング（輪っか状の模様）がある。これは羽毛のため、防寒性能が高い。ジェンツー、ヒゲもさすが同属ということで、アデリーほどではないが控えめなアイリングがある。

アデリーペンギン

ヒゲペンギン

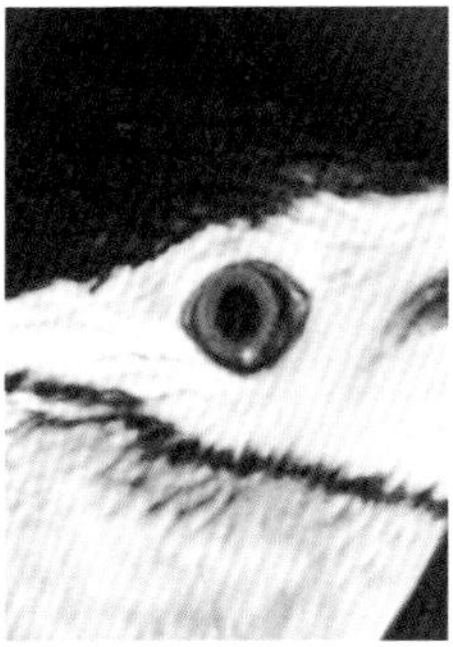

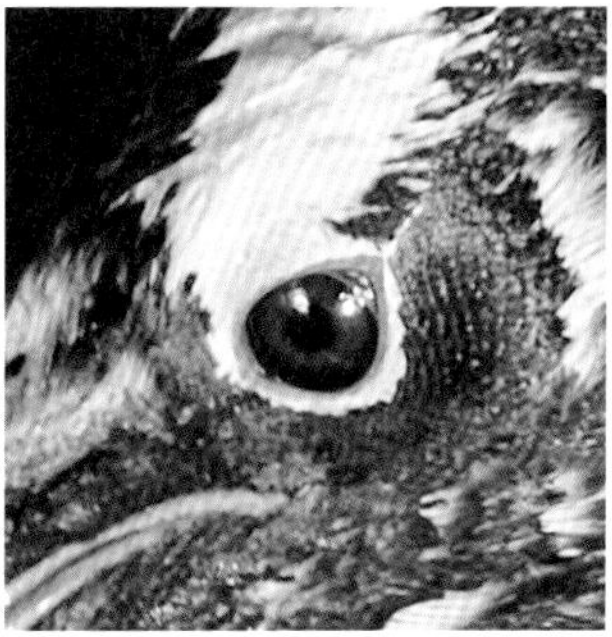

ジェンツーペンギン

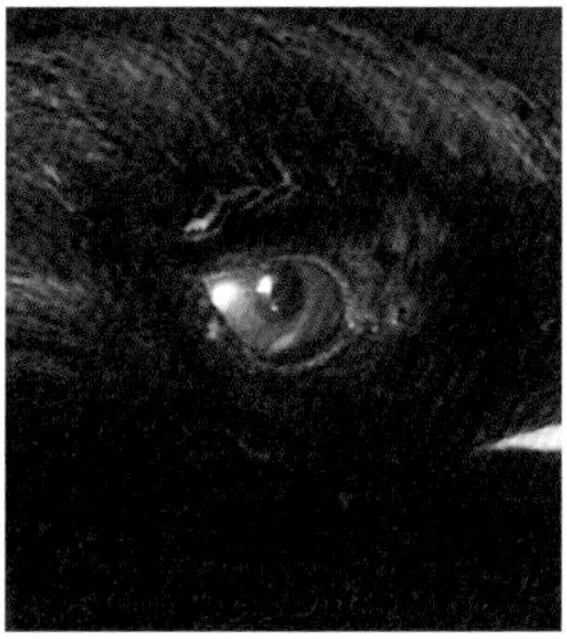

エンペラーペンギン

## キングペンギン属

キングペンギン

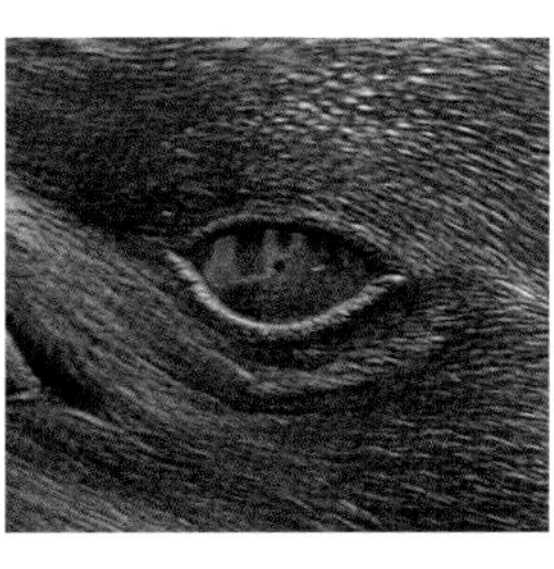

2種とも全体的に目が黒く、周りの羽毛と同化して見えにくい。形は両端とも切れ長で、光が当たるとキラキラして愛らしい。水中でも陸上でも視力が良いとされる。南極生活への適応として、エンペラーの目は暗闇や雪の反射にも対応できる構造。

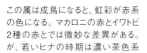

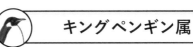

BODY PART 6

## かわいい体の細部細見

# 足

前から見ると、3本の足の指とかわいい水かきが目に入ってきます。陸上の二足歩行も水中の泳ぎやすさも叶えた足です。

一見すると足の指は3本に見えますが、後ろに「第一趾《だいいっし》」と呼ばれる小さな指があり、計4本。カモやフラミンゴと同じ足の形で、水の中で泳ぐのに向いた形状なのです。

## フンボルトペンギン属

ケープペンギン

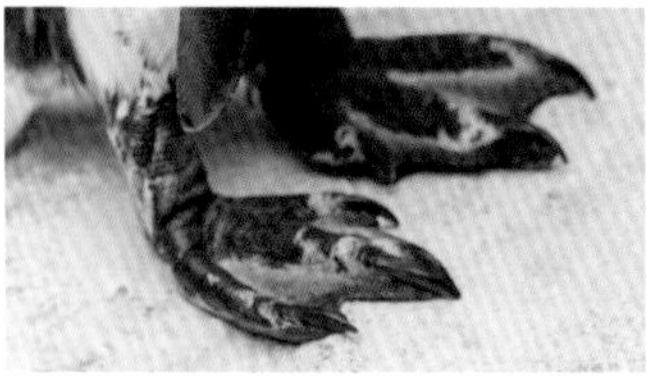

マゼランペンギン

全体的に黒、黒ベースでピンクが混じるなど、個体差が大きい。寒さ対策がそれほど必要ないため、足の露出面積が大きい。どの種も裏側は黒く、遊泳時に足を伸ばすと背中の黒色と一体化し保護色になる。この効果をカウンターシェーディングと呼ぶ。

＼ 足の裏はこんな色！ ／

フンボルトペンギン

## コガタペンギン属

コガタペンギン

足は淡いピンク色。かわいらしい感じの足の先には、黒々とした鋭く大きな爪が付いている。滑りやすい地面でバランスをとることなどに役立ちそう。表はピンク色なのに、足の裏側はほかのペンギン同様に黒く、泳ぐときのカモフラージュ効果を得る。

## マカロニペンギン属

### キタイワトビペンギン

ミナミイワトビペンギン

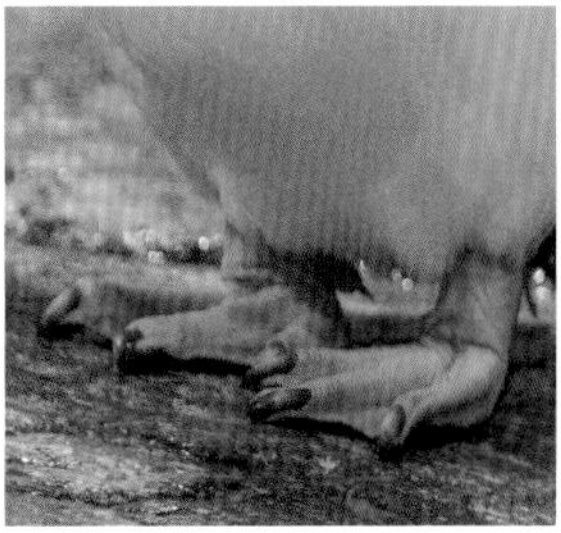

マカロニペンギン

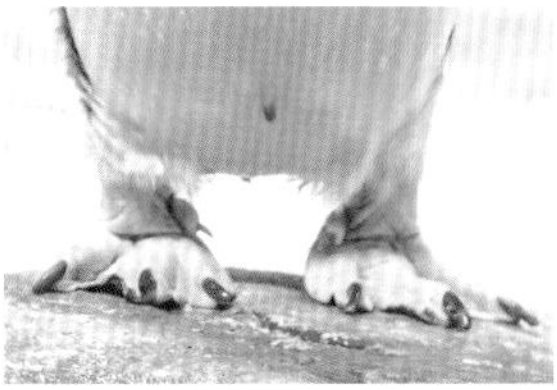

この3種とも足全体はピンク系の色。爪は黒く、よく目立っている。ほかのペンギンとは異なり、両足をそろえてジャンプするように進み、岩から岩に飛び移ることもあるので、滑らないよう爪が発達している。また、足の握力も強いとされる。

ジェンツーペンギン

## アデリーペンギン属

重い骨、厚い脂肪の入った体をしっかり支えるため太くて頑丈。ペンギンファンが「ももひき」と呼ぶように、足の付け根は羽毛で覆われている。ジェンツーの足はクチバシと同じ黄～オレンジ色系。この色の素は、エサのオキアミなどに由来する。

### アデリーペンギン

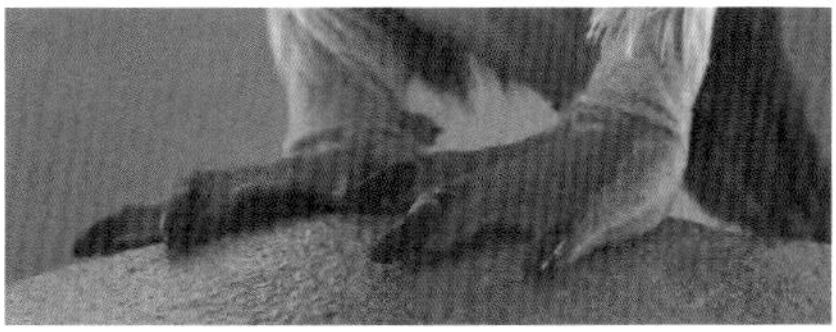

ヒゲペンギン

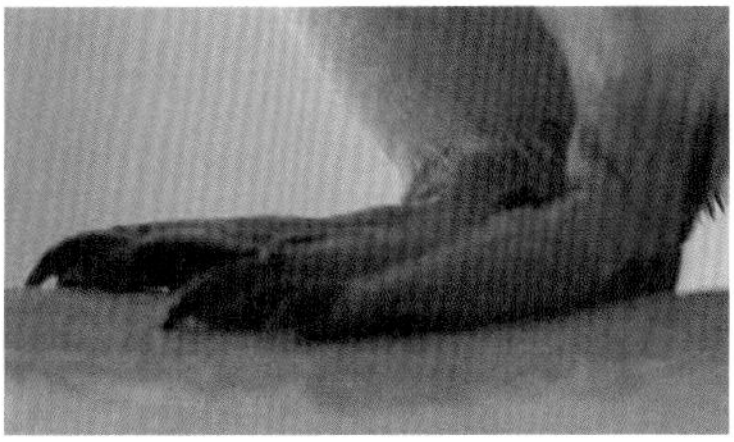

## キングペンギン属

キングペンギン

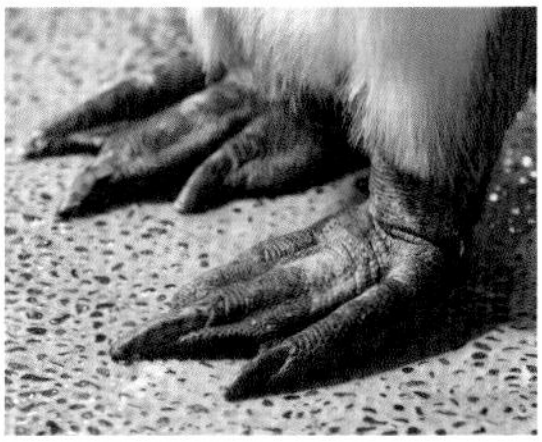

足は全体的に黒く、腹の羽毛に大部分が隠れている。片足ずつ出す歩き方で、エンペラーはかなりスロー。また、どちらも巣を作らず足の上に卵を産むこと、キングは足先を上げて休む(P20)など、興味深い。親は足と腹の間に卵を挟んで抱卵する。

### エンペラーペンギン

BODY PART

7

## かわいい体の細部細見

# タマゴ

ペンギンの卵は、先端が尖った形をしています。ただし、一回の産卵のうち、どのタイミングで産んだかによって大きさ・形は異なるそう。もちろん個体差だってあります。一つ言えるのは、やはりキング属の卵は大きいということ。意外にもコガタの卵はほかの種とあまり変わりません。

### 多様な巣の形

**巣材を使う種**

アデリー、ジェンツーなどは巣材を用い、火山のような形の巣を作る。小石は巣材として希少な資源となるので、たびたび争奪戦が起こる。飼育下では繁殖期に人工のリング型の巣を設置することも。

**穴を掘る種**

フンボルト、ケープ、マゼラン、コガタは土や砂などを掘って巣穴を作る。園館で飼育場に土があると、繁殖期に穴を掘る様子を見せてくれることがあるが、人工の巣箱が用意されることのほうが多いようだ。

**巣を作らない種**

エンペラーとキングは巣を作らず、メスが足の上に卵を産み落とす。その後、キングはオスとメスが交互に抱卵。エンペラーはメスがオスに卵を託し、海へ採餌に出かける。その間、オスは抱卵しながら絶食してヒナを守る。

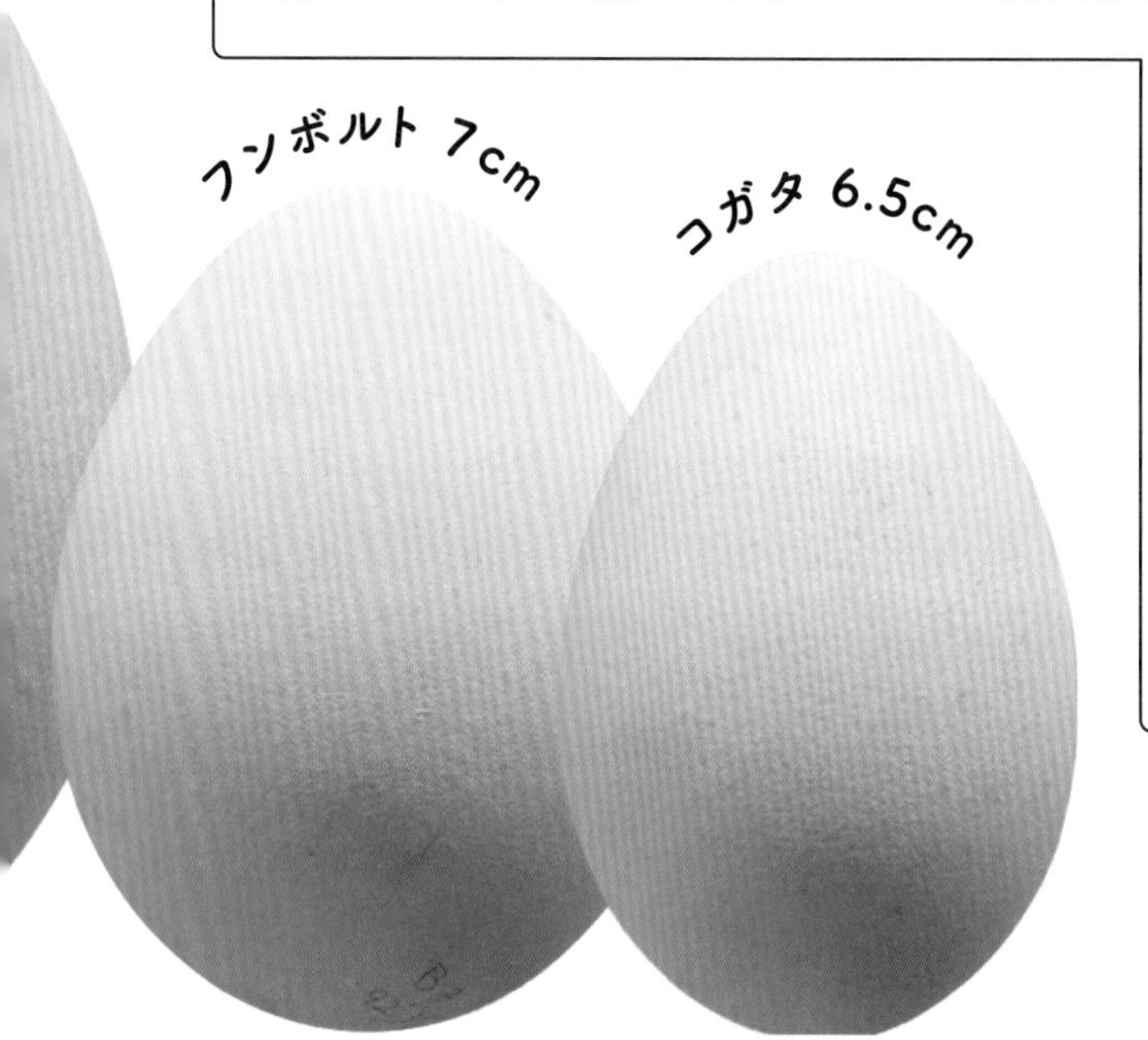

## いろんな卵

種ごとに形は多様だが、総じて殻は頑丈で色は白系。1回の産卵に生む数は1個か2個（例外あり）。1卵、2卵と呼び分け、2卵のほうが大きい傾向にあるとか。

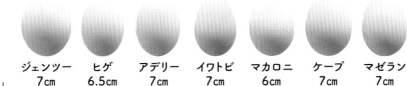

ジェンツー 7cm　ヒゲ 6.5cm　アデリー 7cm　イワトビ 7cm　マカロニ 6cm　ケープ 7cm　マゼラン 7cm

エンペラー 13cm

原寸大

キング 11cm

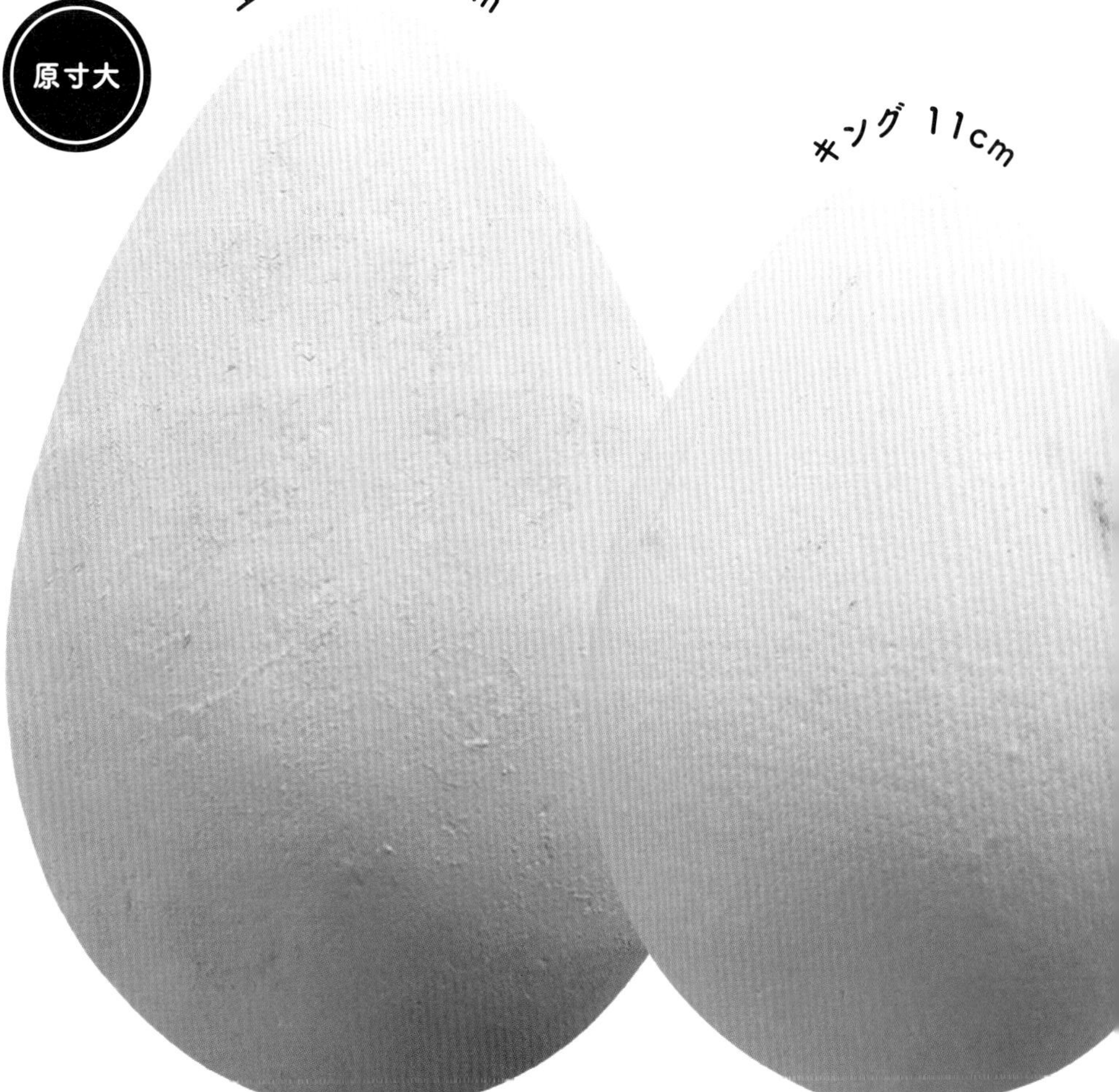

※長崎ペンギン水族館所蔵の標本を撮影。サイズは編集部調べ。卵の大きさは産卵の回数や個体差によっても異なります。

BODY PART 8

## かわいい体の細部細見

# その他

ペンギンの体の特徴をあれこれ紹介してきましたが、これ以外にも魅力的で、驚くべき体の仕組みを持っています。

　もっとペンギンを調べたいなら、鳥や海鳥という視点から調べるとヒントが見つかるかもしれません。知識を増やせば、ペンギンの魅力をキャッチする解像度も倍増に！

### 尾羽

しっぽのあたりも、同じペンギンなのにこんなに違う。フンボルト（右）は肉質で尾羽は短め、ジェンツー（左）は引き締まり、尾羽は飛ぶ鳥のように長くフサフサ。

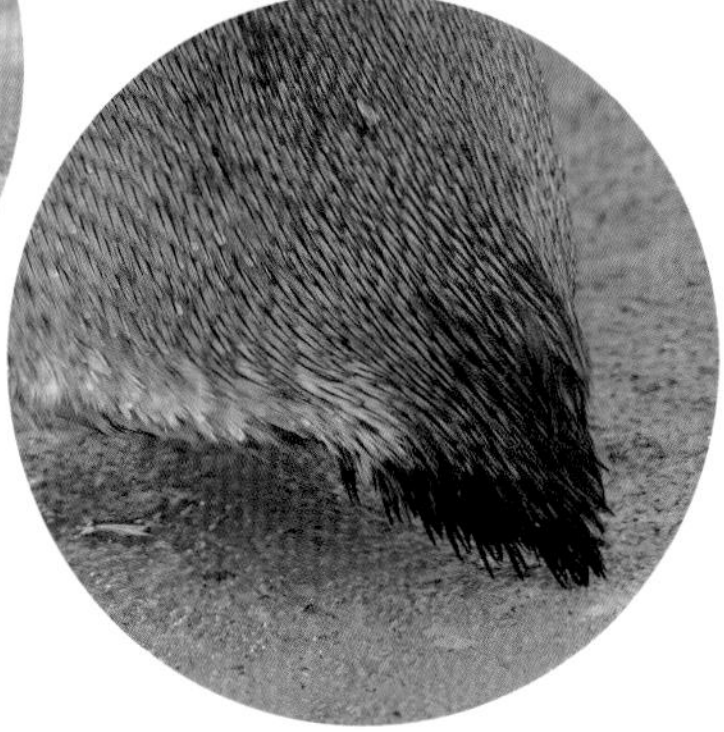

### 総排泄腔《そうはいせつくう》

ペンギンはほかの鳥類と同様に、尾羽根の付け根あたりに総排泄腔という器官を持つ。尿と便の排泄、ペアでの精子の受け渡し、メスの産卵などをここで行う。

## 後ろ姿

こちらは惜しまれつつ閉館となった油壺マリンパークのキタイワトビ。屋外・間近で観察できる希少な施設であった。キタイワトビはミナミイワトビより体格も冠羽も立派。後ろ姿もこの通りの風格。冠羽の膨らみがネコ耳みたいでちょっとかわいい。

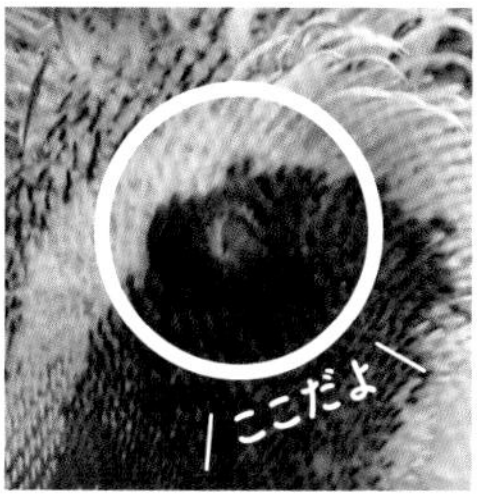


## 耳の穴

ペンギンは耳のパーツは外になく、耳の穴だけがある。普段は羽毛に隠れていて外から見えず、水中でも羽毛に押されて閉じたまま。換羽のときに見えることがあり、ヒナも耳の穴がよく見える時期がある。

### 加齢で目の色が変化？

ペンギンは加齢にしたがい、虹彩（色のついた部分）が変わることが確認されている。フンボルトでは、若いころは青〜灰色系で、大人になると茶褐色になる個体が多い。イワトビ成鳥は赤系だが、成長の過程でさまざまな色になる。また、室内のライト、紫外線の影響や個体差も。

## 尾脂腺《びしせん》

ペンギンは、尾の付け根にある尾脂腺から油状の液体を分泌する。これをクチバシで塗ると、羽毛に油膜ができて、水が入り込まないようになる。普段は羽毛に隠れて見えないが、換羽のときに露出し見えることがある。

進藤英朗（下関市立しものせき水族館「海響館」獣医師）。
海響館にいる動物すべてを担当。進藤先生のインタビューはP106に。

# ペンギン医療ってどうなってるの？

ペンギンだって、生きていれば病気やケガもします。どんな医療や手術、投薬を受けているのでしょう。獣医師の進藤英朗さんにお話を聞きました。

## ときには漢方薬も処方

**― 進藤先生の大学の先輩であるサンシャイン水族館の遠藤先生（P110）から「夏バテに漢方薬を使うこともある」と聞きました。海響館ではどうですか？**

**進藤さん**　はい、漢方薬を使うこともあります。動物たちに与える薬は人間用も使用します。みなさんが飲んでいる薬を割ったり、カプセルに詰め直して与えます。顆粒状の漢方薬は体重に応じて分けてカプセルに詰め、魚のエラに入れて食べてもらいます。当館では脊椎疾患の治療に漢方薬を使ったところ、歩きが良くなりました。

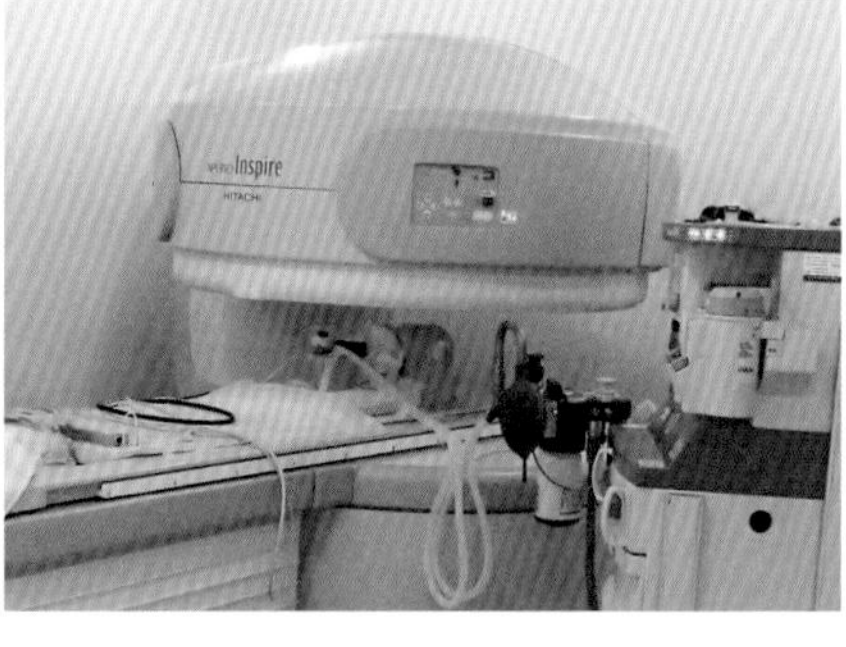


ペンギンのMRI検査の様子。人間と同じ器械で、全身麻酔の状態で検査が行われる。検査協力：山口大学。

## 運動不足は病気のもと？

**― 水族館でペンギンが足に包帯をしているのを見たことがあります。**

**進藤さん**　趾《し》瘤《りゅう》症《しょう》かもしれません。ペンギンがかかる感染症の一つで

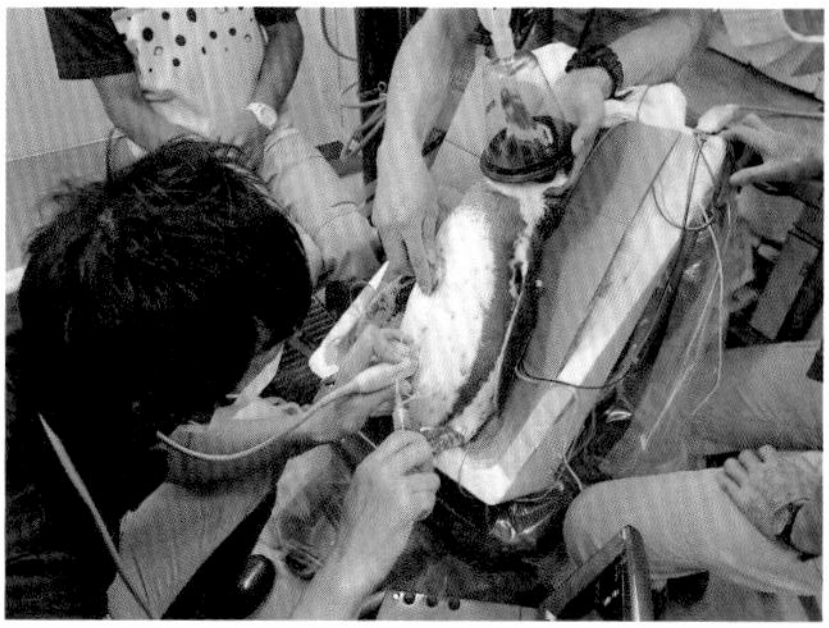

フンボルトペンギンに麻酔をしながらエコーで
腹腔穿刺をしているところ。

す。足にできた傷口から細菌が感染し、足が腫れます。局所で感染を起こしている間は痛むだけですが、細菌が血液に乗って全身に巡り悪化すると死んでしまうことも昔はあったようです。このため、当館では内科的治療を軸にし、基本はエサに抗菌薬を混ぜて治療します。ただ、それだけでは対応しきれないことがあるので、局所的に削るなどの外科的治療も合わせて行います。

**— 趾瘤症は肥満や運動不足が原因という話もあるそうですね。**

**進藤さん**　ペンギンたちが暮らす床の問題も大きいといわれています。床材がコンクリート打ちっ放しなど、起伏のない環境だと、足の一点に体重がかかり血行不良になったりすることで、趾瘤症の原因にもなります。足裏の血行をよくするために、あえて床に玉石を混ぜてデコボコした地面を歩かせたり、人工芝を取り入れるなどしています。病気の予防には環境の工夫も大事なんです。

**— イベントとして公開しつつ、散歩をさせる園館もあります。これらも病気の予防になりますか？**

**進藤さん**　過重場所がずっと一緒、同じ場所に立っているだけ、といった足に悪い状態を防げるという意味では有効だと思います。

## 人間が望むペア同士の繁殖ができる？

**— 人工授精、人工繁殖の話題を耳にする機会が増えました。詳しくお聞きしたいです。**

**進藤さん**　フンボルトペンギンはほとんどの場合同じペアで繁殖するので、同一家系の子孫ばかりが増えないよう、血統管理が必要となります。ほかの園館から入って

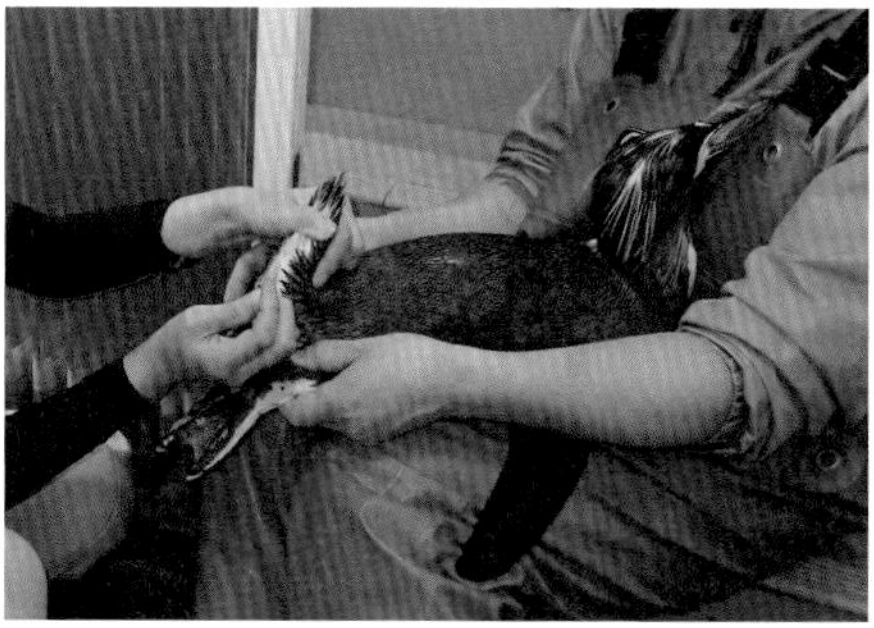

マカロニペンギンのオスから精液を採取しているところ。
この後、器具を用いてメスの生殖器内に注入する。

きたばかりの個体など、子孫を望む個体に人工授精を行うことがあります。

**—具体的な手順とは？**

**進藤さん**　精子はオスの腰をさすりながら採取します。ニワトリなどでも使われる方法です。

**—そうして取ったものをメスに……？**

**進藤さん**　オスは繁殖期になれば自然に精子が作られ、精子を採取させてもらえます。メス側は産卵に向けての体の準備ができている個体でないと産卵できません。ほとんどの場合、ペアがいるメスしか卵を産みません。決まったパートナーがいるのに、別のオスの精子を使い人間のタイミングで人工授精させるのは難しいのです。当館の場合は、メス・メスのペア、無精卵しか産まないメスに対し、別のオスの精子を使い人工授精することもあります。

フンボルトペンギンのメスに、
あらかじめ採取した精液を注入しているところ。

## 園館同士の垣根を超えて共同で人工繁殖!

**—園館同士の垣根を超えて、人工繁殖させることもあるそうですね。**

**進藤さん**　海響館では、イルカの凍結精子を使い、新江ノ島水族館さんと繁殖を進めた例があります。ペンギンでは、海遊館さんと葛西臨海水族園さんがミナミイワトビペンギンの人工授精に成功されたかと思います。精子を凍結させれば半永久的に保存ができ、授精のタイミングがコントロールできます。当館でも、凍結精子をストックしているところです。

**—ヒトだけでなく、動物の生殖医療も発展しているんですね。**

**進藤さん**　さまざまな研究が進んでおり、メスの産卵メカニズムもおもしろいです。ペンギンは鳥類なので、繁殖には体の中に「卵殻《らんかく》」をつくりだす準備が必要です。ふだん見ているニワトリの卵と同じような卵の殻が体内で形成されるわけです。繁殖期に入ると卵のために骨のカルシウムが動員され、血中のカルシウム値が上昇します。そして卵を体外に排出すると同時にカルシウム値は急下降します。ほかの鳥類と同じように、卵はメスの栄養を奪うので、産卵は体力をかなり使うようです。

**— 産卵できるかは血液検査でもわかるのですね。準備できているなら、交尾をした覚えがなくても本能に従い産卵するのでしょうか?**

**進藤さん**　産卵が近いとされる数値になったのに産卵しないこともあります。なんらかの刺激がトリガーとなり排卵が起こり、卵殻ができ産卵するのが一連の動きのようです。ですが、何がトリガーになるのかはわかっていません。キングペンギンでも、「産卵へ向かう血液の状態が1か月前後続いても実際には産卵しないこともある」と聞いたことがあります。

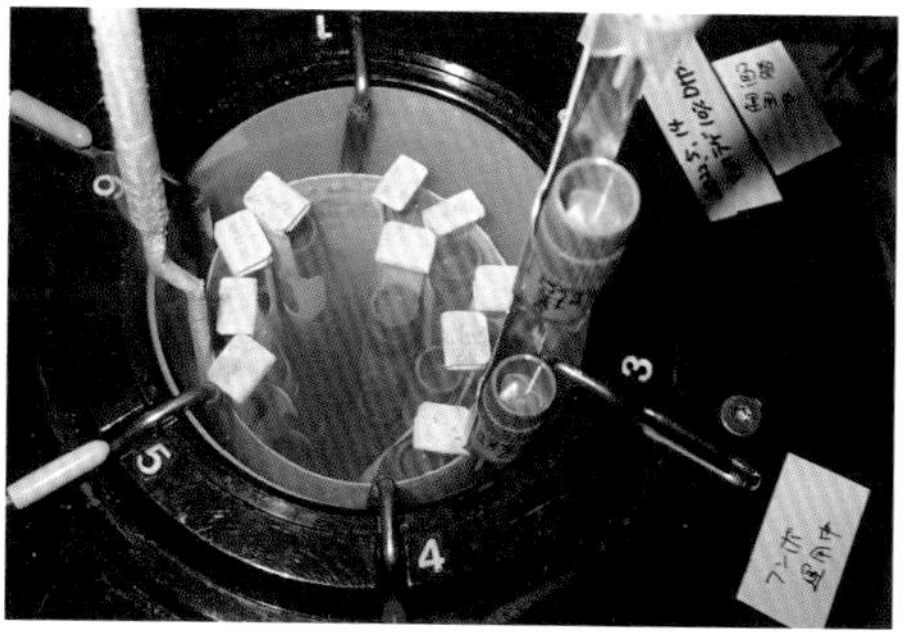

海響館では、フンボルトペンギンでは世界初となる凍結精子を用いた人工授精に成功した。

## ペンギンのメスに精子を貯める貯精嚢が!?

**— ペンギンの繁殖は謎が多いですね。**

**進藤さん**　鳥類ではニワトリやウズラ、爬虫類のメスには、貯精嚢《ちょせいのう》と呼ばれる交尾後に精子を保存する場所があります。ペンギンにその貯精嚢があるかないかも、まだ明らかになっていないんですよ。

**— 解剖したらわかりますか?**

**進藤さん**　ニワトリやウズラでは、解剖により貯精嚢の存在が証明されているのですが、ペンギンはまだです。貯精嚢の研究をされている静岡大学の先生と連携し、「繁殖期にメスが死亡したら卵管を送るので研究をしてもらう」ことになってはいますが、繁殖期に亡くなる個体はほとんどいませんね。体が丈夫だから繁殖するわけですから……(笑)。そんな背景もあり、産卵のメカニズムはまだまだ謎が多いんです。

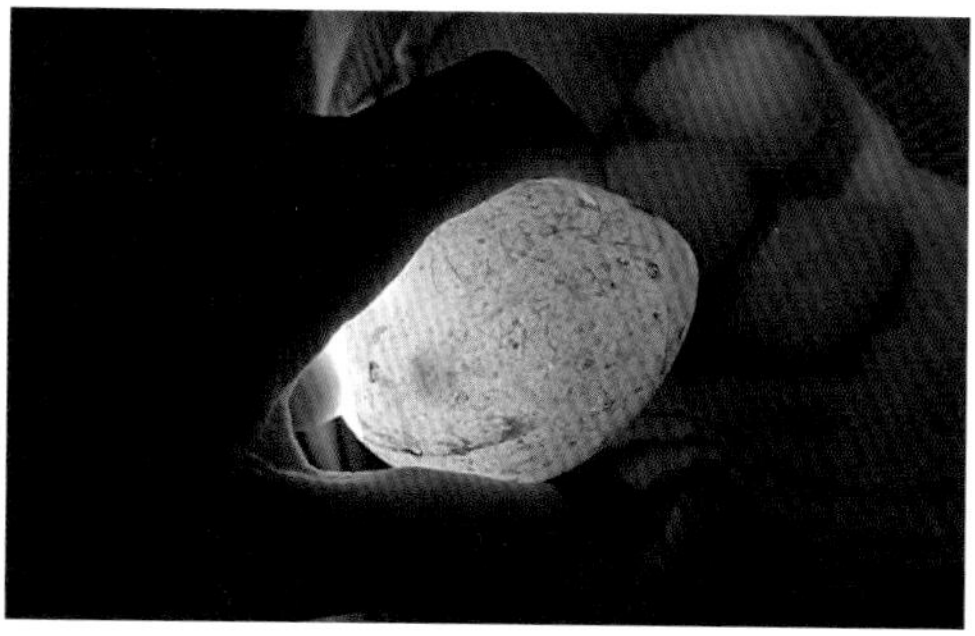

卵を回収し有精卵かどうかを確認。
光にかざし、血管が透けて見えているのでこれは有精卵。

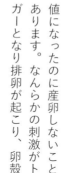

プロジェクトP! 世界初!?

# ペンギン解剖図で泳げる仕組みまるわかり

そんなに速く泳げるなんて、本当に鳥？
と思うほど、ペンギンの遊泳能力は驚異的。
水中での息継ぎや気嚢の謎など、
体の仕組みを最新技術で見てみると……？

ペンギンは長時間泳げますが、エラ呼吸で水に溶けた酸素を取り入れる魚とは異なり、水中で呼吸はできません。鳥類なので肺呼吸を行い、泳ぎの途中で水面から顔を出し、息継ぎをします。

水中では代謝が下がり、脳などの重要な器官への血流が増え効率的に酸素が使われ、血液内にも大量の酸素を蓄えられます。

また、肺から分岐した袋状の器官である気嚢《きのう》もペンギンの遊泳能力に欠かすことのできない器官であることがわかっています。

## 《 ペンギン解剖図 〜呼吸器〜 》

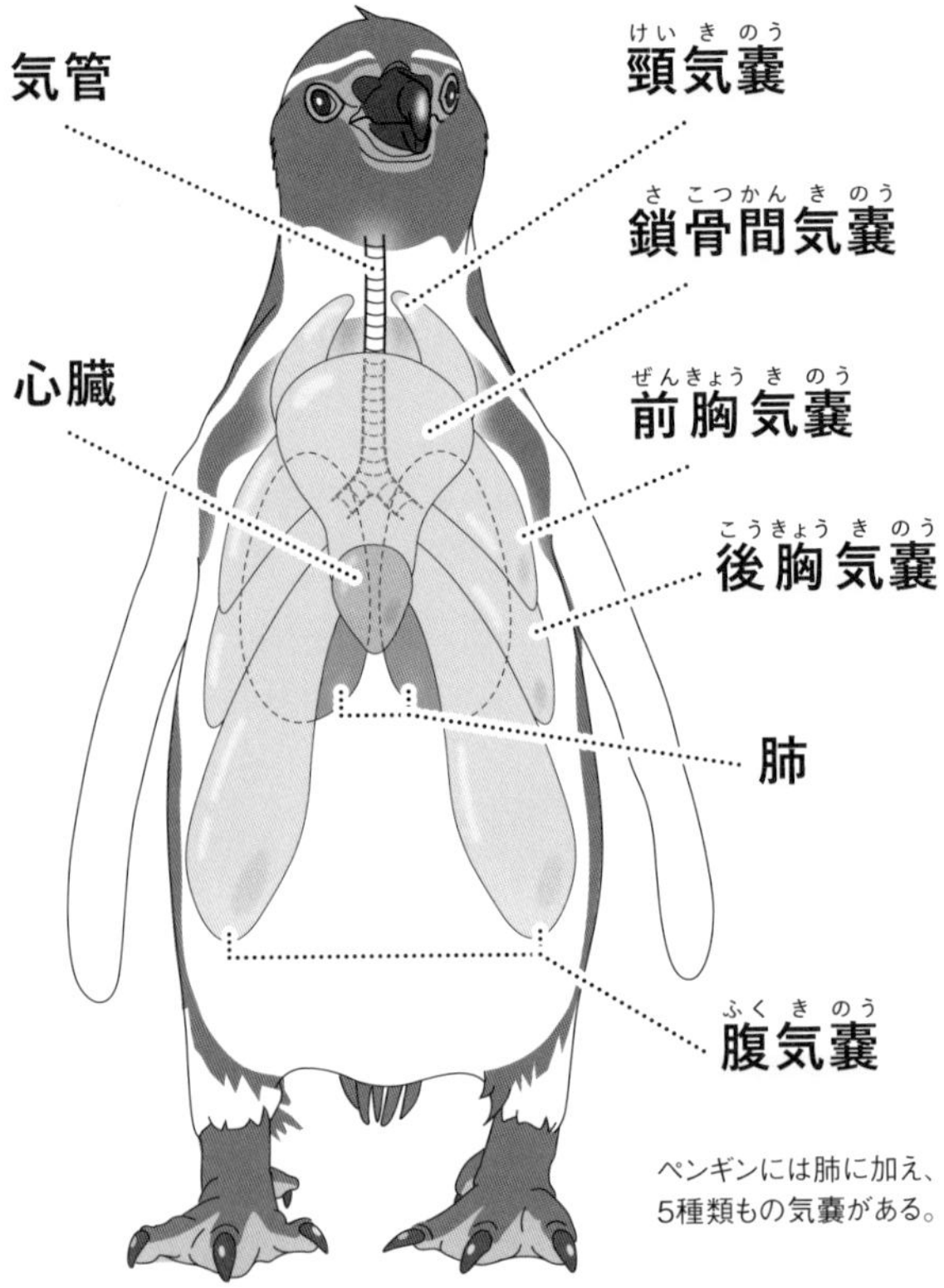


ペンギンには肺に加え、5種類もの気嚢がある。

ペンギンの驚異の潜水能力のカギは、気嚢にある……！

とわかったところで、気嚢がどのような形なのか見たことのある人がいないどころか、正確に描かれた資料も皆無。空気の入った袋状の臓器なので、ペンギンを解剖したことのある獣医師や研究者でも、死後はもとの形がわからないほど潰れてしまっています。

そんな折、帯広畜産大学、麻布大学と登別マリンパークニクスが、

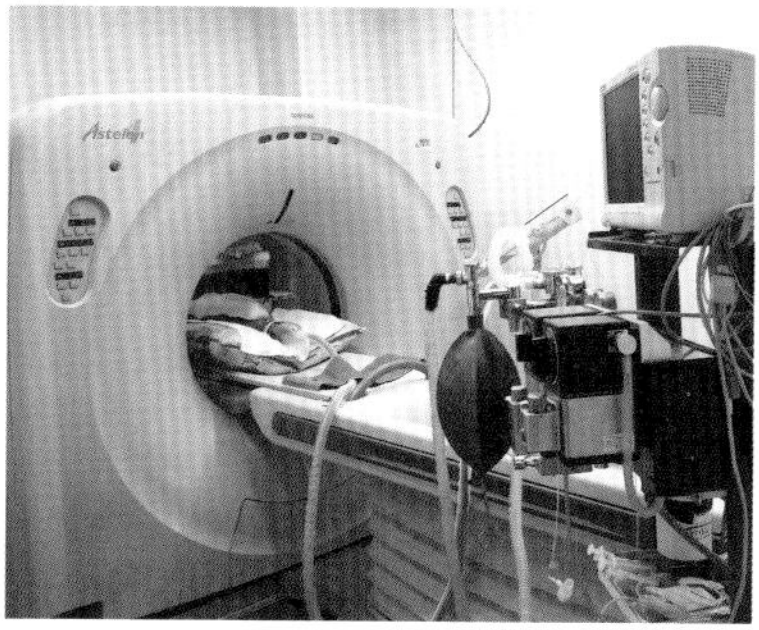

ペンギンのCTを撮影しているところ
（写真提供:山田一孝先生）

ペンギン研究のため、CTを行っていることが判明。CTとはX線のデータを断面像に変換する画像診断法で、ペンギンの肺や気管支などが観察できます。

右下の写真は、麻布大学の獣医学部臨床診断学研究室の山田一孝先生にお借りしたCT画像です。ペンギンを胸のあたりで輪切りにした内部構造がわかります。

グレーの部分は筋肉の層で、お腹側に竜骨突起と、分厚い胸筋が確認できます。

黒く写った部分が気嚢で、胸筋と同じくらい、内部の多くの部分を占めていることがわかります。

ほかの鳥類にも気嚢はありますがペンギンでは気嚢が大きく発達。気嚢内に空気を貯めたり、出したりすることで呼吸の補助となり、長時間息継ぎなしで泳げるのです。

また、気嚢内の空気量を変えることで、浮力も自在に変えられます。

水中での抵抗を減らし、少ない力で推進できる流線型の体。右のCTと比べると、気嚢が背側にあるので「浮き」の役割を果たしているとも考えられる。

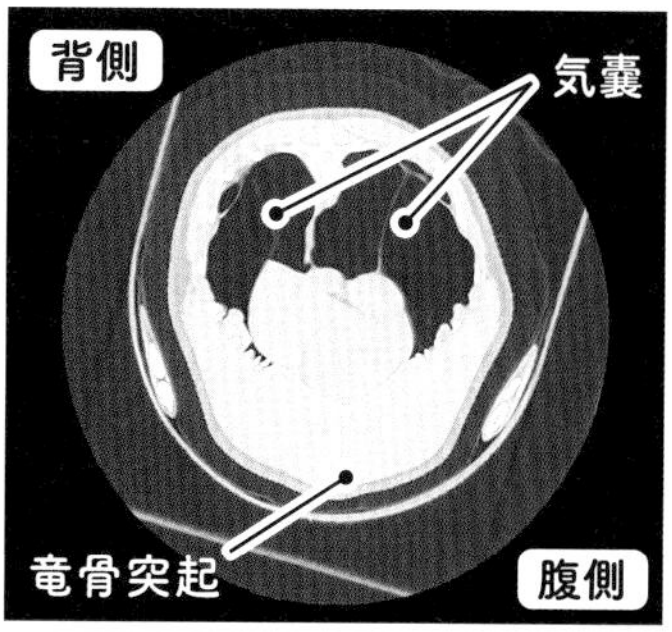


お腹を下にした姿勢で撮影された2DのCT。気嚢の大きさに驚く。

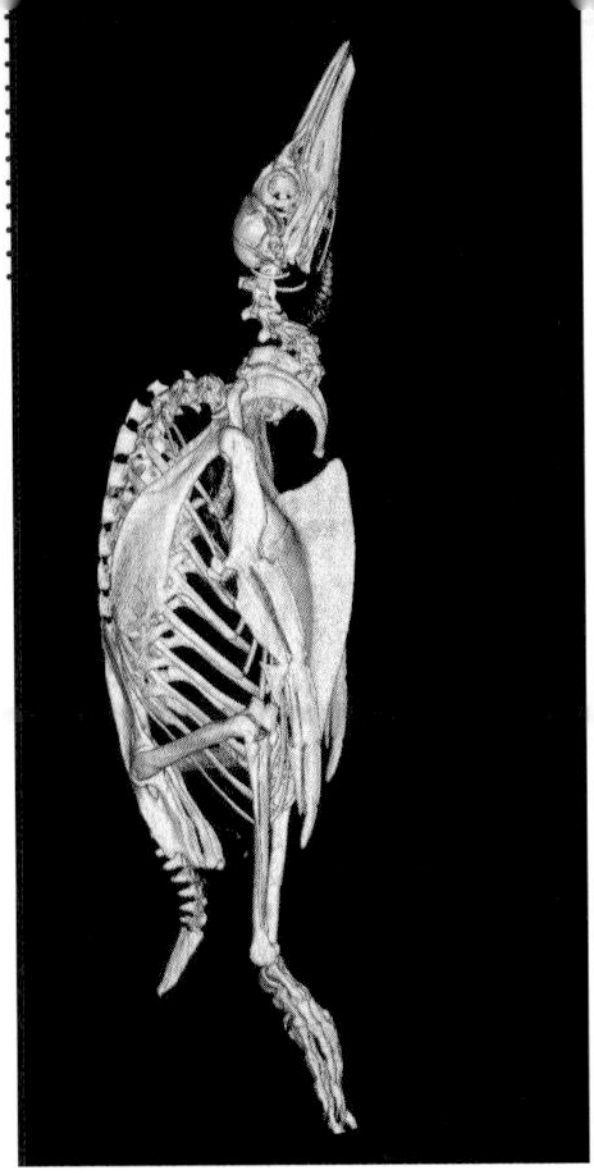

左は、立体的に内部を見られる3DCTの画像です。骨の画像だけを描画していただきました。

　ペンギンの骨は重く密度が高く、水中での浮力に負けず潜水するのに役立ちます。胸骨の中央にある大きな骨が竜骨突起です。両側に太い胸筋が一対つき、フリッパーをパドルのように動かし泳ぎます。

　これらの頑丈な骨には、大事な臓器を守る役目もあります。下のイラストで示した消化器などの臓器は骨にしっかり保護されます。

　下のほうにある胃にご注目。これは食べ物が入っていないときのイラストですが、エサを食べると胃が膨らみ、外から見てもお腹が丸くなります。逆に、胃にものがない＝お腹が減ると、凹みます。呼吸器の疾患があるとP98のイラストの鎖骨間気嚢がつぶれて体の上の方が凹むことがあります。

　外から、中からみていくと、お腹の状態も健康状態も、泳げる仕組みも丸わかり。さらに愛着がわいてきます。

## 《 ペンギン解剖図 ～消化器～ 》

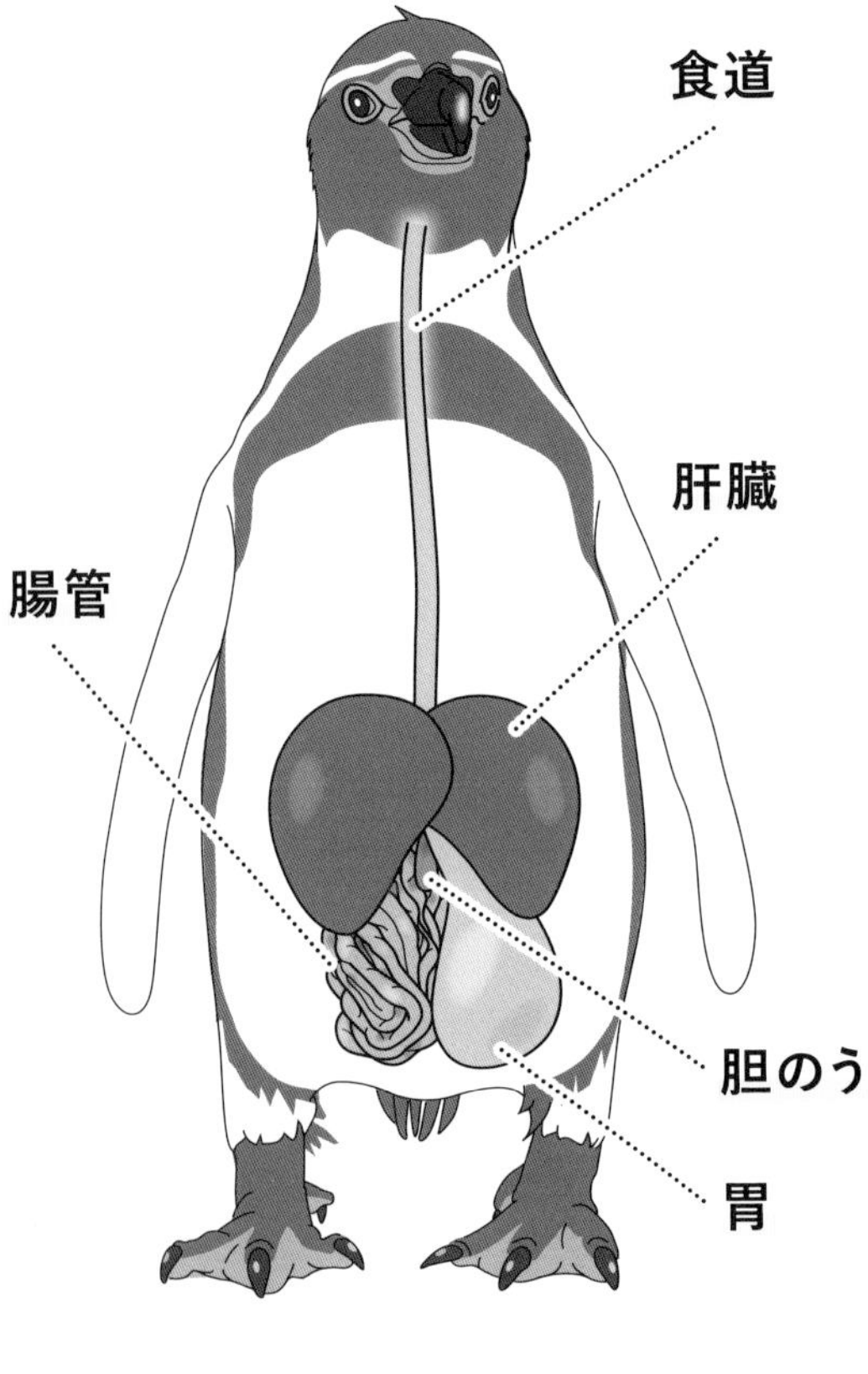

## プロジェクトP こぼれ話

### 幻のペンギンの解剖図？

日本に6000羽ともいわれてるペンギン。身近な動物なら、あの巧みな泳ぎの秘密、ひいては体の構造はすっかり明らかになっているはず！　という認識は甘かった。上田一生先生に体の仕組みについてお聞きしたところ、「体の内部に秘密があります。ただし、解剖図はありません。ほかの動物ほど需要がないからです。作りましょう！」と、プロジェクトPが発足。PはペンギンのP。

### 先生方の尽力で実現！

海響館の進藤英朗先生に相談したところ、「確かに詳しいものはないですね。作図するなら、呼吸器と消化器の2つの解剖図があったほうがいいです」と、課題は複雑化。サンシャイン水族館の遠藤智子先生に助けを求めるも「信頼できる解剖図は存在しない」とのこと。

頭が真っ白になっていると、再び進藤先生が、「そういえば、学術研究の一環として、ペンギンをCTで撮影しポリゴン化（細かな形を多数つなげて立体を表現する方法）し、立体的な気嚢を見たのを思い出しました。ただ、特殊なソフトだし、昔のことで……」。

もう無理かと覚悟したところ、「こんな本が出ました！」と進藤先生がニッコニコ。『海獣診療マニュアル〈下巻〉』（学窓社）です。これを参考に、進藤先生のスケッチや助言をもとに作画したのがP98の図です。

並行して相談していた麻布大学の山田先生からもペンギンの輪切り図（CT）、立体の3DCTの図をご提供いただき、まさに感無量。何より、生きたままのペンギンを扱うところが人道的。動画データもご用意しましたので、中から、外からペンギンを堪能してくださいね！

**CT画像を動画で見られる！**

貴重なペンギンのCT、3DCT動画。いずれも研究のためにつくられているもの。いかなる理由であれ、一切の無断転載を禁じます。

協力：帯広畜産大学・麻布大学・
登別マリンパークニクス共同研究チーム
科研費基盤研究（C）21K05931

CT

3DCT

Special Thanks!
進藤英朗先生（下関市立しものせき水族館「海響館」）
山田一孝先生（麻布大学）
遠藤智子先生（サンシャイン水族館）
上田一生先生（ペンギン会議研究員）

## \ 知るほどに奥深い /

# ペンギン医療キーワード集

### 趾瘤症（しりゅうしょう）

鳥類の主に足裏に起こる病気で、人間の「魚の目」や「タコ」のようなものができ、ほとんどの場合、内部では細菌感染が起きている。体重を足裏の同じ部分で支える負荷が高いと起きやすくなる。

趾瘤症のチェックをしているところ。

### 総排泄腔（そうはいせつくう）

フン、尿、（メスは）卵は「総排泄腔」と呼ばれる同じ穴から出る。産卵前のメスの総排泄腔は、卵を通すためか外から見てもわかるほどプリプリに膨らむそう！

### 包帯

治療のため、足に包帯を巻いたペンギンを見かけることがある。ちなみに、海響館ではペンギンの黒い足に巻いても目立ちにくい「黒色」の包帯を使用しているそう。

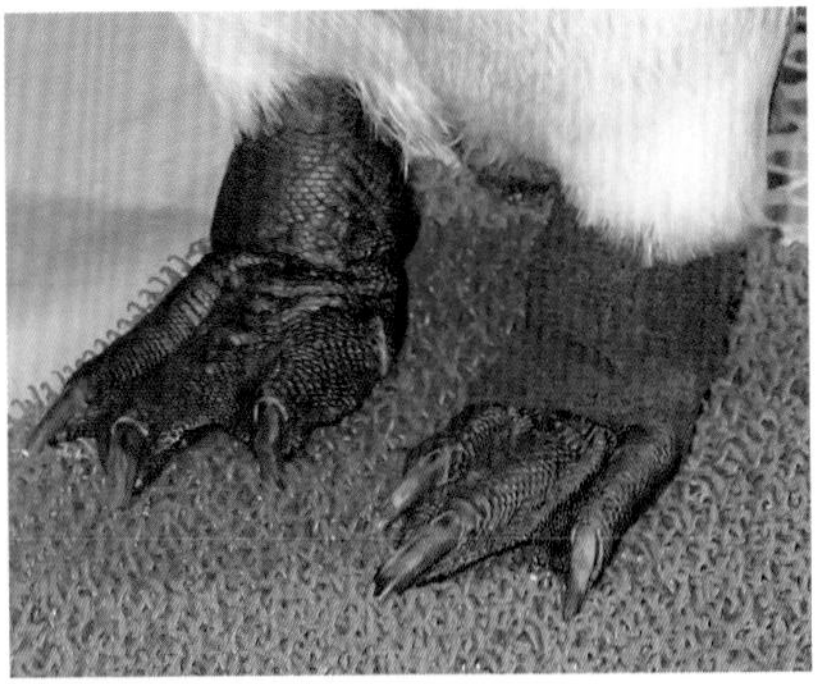

海響館で使用している黒い包帯。

### 注射

採血や注射のために針を刺すことも。採血の場合は、飼育員がペンギンをうつ伏せにし、足の甲側などに針を刺す。そのほか、足の親指の付け根あたりやフリッパーに刺すこともある。

### 保定（ほてい）

治療や診察などのため、動物が動かないように押さえること。ペンギンの場合は、飼育員が体を押さえ、その間に獣医師が治療などを行うことが多い。

### 血圧測定

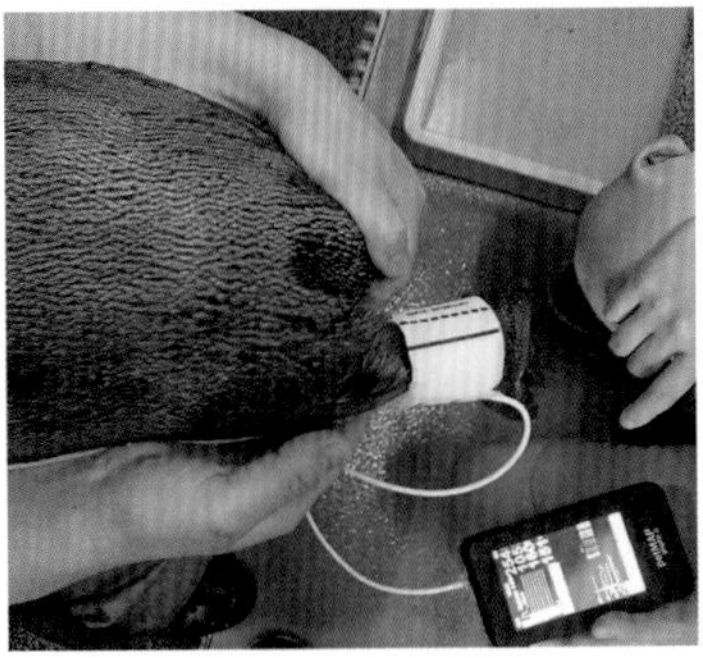

血圧測定の様子。1人がペンギンの体を押さえ（保定）、1人が足に長い布状部分を巻き付け測定する。

### 排卵と産卵

フンボルトペンギンは排卵から産卵までが4、5日ぐらい。この周期は、人工授精のタイミングに応用できる。また、1回の産卵に2つの卵を産むが、1つめ（1卵）と2つめ（2卵）の産卵の間も4、5日間隔。

# 4章

# ペンギン飼育員・獣医師アンケート

飼育員や獣医師になるにはどうすればいいのでしょう。
仕事の内容ややりがい、ズバリどのペンギンが好き？
という究極の質問も含め、あれこれ聞きました。

＼ 推しはジェンツー！ ／

長崎ペンギン水族館

## 飼育員・小塩祐志さん

### Q 担当動物を教えてください。

キング、ジェンツー、ヒゲ、キタイワトビ、
ミナミイワトビ、フンボルト、マゼラン、ケープ、コガタ。

### Q 学校での学び・経歴は？

小さいころから魚がすごく
大好きだったので、生き物関係の
勉強をしようと農業高校、
動物関係の専門学校で学びました。

### Q ペンギン担当になったきっかけは？

最初は地元静岡の水族館に就職し、
2年間魚類担当として働きました。そこから、
長崎ペンギン水族館に転職してきました。

### Q 主な仕事は？

飼育スペースの掃除、エサの準備、
ペンギンの健康管理などです。
水族館に隣接する海までペンギンを
連れていき、自然の海で遊ばせる
「ふれあいペンギンビーチ」も担当します。

### Q 担当ペンギンのえさを教えてください。

当館のペンギンには、
基本的にアジを与えます。
長崎はアジの一大産地のため、
手に入りやすいからです。
ただし、体の小さいコガタペンギン
にはキビナゴも与えることもあります。

### Q おもしろエピソードを教えてください。

ペンギンは飼育員を顔で判別している
ようで、好きな飼育員以外から
エサを食べないようなことも。
自分のことを大好きでいてくれる子もいて、
つい贔屓しそうになっちゃいます。

### Q 一番気をつけていることは？

病原体を持ち込まないよう、
靴の裏をこまめに消毒すること、
手をこまめに洗うことを心がけています。
持ち物を飲み込まれないように
することにも気をつけています。

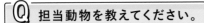

## どの種も魅力的で、見飽きません。

**— 長崎ペンギン水族館では、ケープペンギン属であるケープ、マゼラン、フンボルトを見比べられます。観察ポイントを教えてください。**

**小塩さん**　フンボルトは「ふれあいペンギンビーチ」やタッチイベント、エサやり体験などでも活躍します。人になれやすいという傾向はありそうです。自分の印象ですが、ケープは気が強め、マゼランは臆病という傾向がありそうだと感じています。性別や年齢などによる個体差はあります。種ごとの体の特徴や性格の違いもあります。

**— 似た3種なのに繁殖の時期も異なるそうですね。**

**小塩さん**　うちの場合だけかもしれませんが、フンボルトは春と秋、ケープは1年中、マゼランは4～7月と、繁殖のピークが異なってきます。

**— 同じ長崎の空の下で暮らし、同じエサを食べているのに不思議ですね。**

**小塩さん**　この3種はヒナもそっくりなんですが、綿羽の色などがわずかに違います。成長すると、その種らしい線や模様が出てきて不思議だなと思います。

**— ペンギンとひと口に言っても、種ごとに個性があり多様性に満ちていますね。小塩さんはどの種がお好きですか？**

**小塩さん**　ジェンツーペンギンがおもしろいですね。

**— ジェンツー好きの飼育員さんは少なくないようです。**

**小塩さん**　好奇心旺盛で、楽しいペンギンですからね。

**— 逆に、ペンギンは人間をどう見ているのでしょう？**

**小塩さん**　「あの飼育員が好き、あの飼育員は嫌い」といった好き嫌いはありそうです。好きな飼育員の姿が見えたら、一目散に駆け寄ってくるような子もいます。飼育員の長靴に抱きついてフリッパーを震わせて求愛してくることもあります。逆に、人間に興味がなく、いつも同じ場所でペア同士仲良く寄り添っている子たちもいるし、毎日見飽きませんね。

＼ 推しはフンボルトペンギン特別保護区！ ／

下関市立しものせき水族館「海響館」

## 獣医師・進藤英朗さん

### Q 担当動物を教えてください。

水族館にいる動物のすべて。

### Q 学校での学び・経歴は？

獣医学部に進学し、
ペンギンなどの野生動物を扱える
水族館の獣医師を
目指すようになりました。
海響館で初めての獣医師として、
イルカや魚など幅広くいろいろな
経験をさせてもらいました。

### Q 主な仕事は？

ほかのスタッフと同じような
時間に出勤します。
たいてい、朝イチから検査や採血
などの予定が入っていることが
多いので、それをこなしてから、
飼育員と情報交換をします。
毎日見ている人の目のほうが
確かだし、自分の目はあまり
信用していません。そうした
業務の合間に論文読み、
執筆などをすることもあります。

### Q ペンギン飼育・健康管理の魅力は？

ペンギンは大きさ的にハンドリング
しやすいサイズで、保定も比較的容易です。
病気になったら、状態ごとにきちんと
アプローチができ、結果も見えやすいので
やりがいを感じます。

### Q 入社後のエピソードをお聞かせください。

入社後はさまざまな動物の扱い方を学び、
3年半ほど海獣チームに所属して、ショーにも
出ていました。ペンギンの施設が新しくなると、
ペンギンの病気を診る機会も増えたので、
海獣チームからすべての生き物を
診る立場になりました。

### Q 海響館のペンギンの見どころは？

自分がお客さんから見えるところで採血をしていると
「こんなことをしているんだね！」なんて言われ
ますが、ペンギンのほうがおもしろいことしてます。
草をくわえて巣に運び込むリアルな
生き様などをじっくり観察してほしいですね。

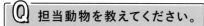

＼ 推しはマカロニ！ ／

下関市立しものせき水族館「海響館」

飼育員・展示 **井上美紀**さん

**Q 担当動物を教えてください。**

キング、ジェンツー、
ミナミイワトビ、マカロニです。

**Q ペンギン担当になったきっかけは？**

最初は魚類の部門に配属され、
ある日突然「来月からペンギン！」と
異動が決まり、現在で6年目です。

**Q 学校での学び・経歴は？**

大学で生態学を学びました。
生き物を取り巻く事柄を社会学的な
角度、生物学的な角度から扱う
文系寄り学問です。
新卒ではパン屋さんに就職しましたが、
その後たまたま募集を見つけて海響館の
入社試験を受けて転職しました。

**Q 担当ペンギンのえさを教えてください。**

キングとジェンツーはホッケ、マイワシ、
カラフトシシャモ、季節に応じてイカナゴ。
ジェンツーペンギンはこれに加えて
マアジとナンキョクオキアミ。
ミナミイワトビとマカロニは
カラフトシシャモ、マイワシなどです。

**Q 主な仕事は？**

飼育のほか、
検査・処置の補助、
展示、教育普及も
担当しています。

**Q 担当ペンギンの見どころを教えてください。**

ペンギンって、みんな同じように見えますが、
1羽1羽個性が豊かなんですよ。
それから、集団遊泳「ペンギン大編隊」では
泳ぐ鳥の姿を体感できます。

**Q 一番気をつけていることは？**

清潔に保つこと、
ものを落とさない（誤飲防止）！

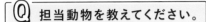

## ＼ 推しはジェンツー！／

名古屋港水族館

**飼育員・材津陽介さん**

### Q 担当動物を教えてください。

アデリー、ヒゲ、ジェンツー、エンペラーの
４種類を担当しています。

### Q ペンギン担当になったきっかけは？

入社したときの配属で
ペンギン担当になりました。

### Q 担当ペンギンのえさを教えてください。

マイワシ、ニシン、カラフトシシャモ、
コマイ、マルアジ、ナンキョクオキアミ
を与えています。

### Q 学校での学び・経歴は？

高校は高専に通っていました。
海に興味を持ったのは
もともと生き物きっかけではなく
マリーナでアルバイトをしたのが
きっかけです。その後海の環境保護に
興味が出て水産関係の大学に進学しました。
大学では海藻の勉強をしていました。

### Q 一番気をつけていることは？

水槽内を清潔に保つことに
一番気を使っています。

### Q おもしろエピソードを教えてください。

エンペラーペンギンがジェンツーペンギンのヒナを誘拐したことがありました。エンペラーペンギンは南極の真冬という過酷な環境で子育てを行うためか、ほかのペンギンに比べてヒナを抱かなくてはいけないという本能が強いように思います。そのためか巣の周りを独りでうろつき始めたジェンツーペンギンのヒナを抱いたまま放そうとしないことがありました。親が取り返そうとフリッパーでたたいても体重が4、5倍も違うためびくともしません。最終的には飼育係があわててヒナを助けて親元に戻しました。以降ジェンツーペンギンの子育て期間にはエンペラーペンギンが巣の近くに入れないように囲いを設置しています。

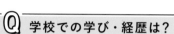

## ＼ 推しはヒゲ！ ／

名古屋港水族館

## 飼育員・浅井堅登さん

### Q 担当動物を教えてください。

アデリー、ヒゲ、ジェンツー、エンペラーの4種類を担当しています。

### Q 学校での学び・経歴は？

小さいころからイルカに興味があったのでイルカの研究をしている先生がいる大学に進み、卒研ではイルカの認知について調べていました。大学では他にも様々な海に関することを学ぶことができてとても楽しかったです。名古屋港水族館にははじめ事務職で入り、営業などの仕事をしていました。その後は話せば長くなりますがいろいろあって……ペンギン担当の飼育係になりました！　今はオールドルーキーとして頑張っています。

### Q 主な仕事は？

ペンギンたちが快適に暮らせるような環境を整えてあげる作業がメインです。簡単に言えば掃除や消毒などです。飼育係の仕事として真っ先に思い浮かぶ給餌ももちろん行いますが、全作業の内のほんの一部に過ぎません。お客様に見えない裏での作業が多いです。

### Q 一番気をつけていることは？

ペンギンたちに変わった様子がないか、ケガをしていないかなど、いち早く気付いてあげられるように注意しています。

### Q おもしろエピソードを教えてください。

ペンギンのフリッパーは水中で泳ぐために非常に硬くて丈夫になっています。そんなフリッパーで過去に股間を叩かれたことがあります……。しかも世界最大のペンギンであるエンペラーペンギンにです。給餌中の出来事で、偶然なのか餌をせがんでなのか分かりませんが、体を張ってその強さを体験することができました！　結果はもちろん痛かったですが今となっては良い思い出です。ちなみにアデリーやヒゲ、ジェンツーもフリッパーで叩かれると十分痛いです。

＼ 推しはマリオ！ ／

サンシャイン水族館

## 獣医師・遠藤智子さん

### Q 担当動物を教えてください。

獣医師として、サンシャイン水族館にいるすべての動物を担当しています。ペンギン以外に魚類も診ますし、カエルも診ます。

### Q 担当ペンギンのえさを教えてください。

主にマアジです。ペンギンが飲み込むのにちょうどいい大きさで栄養のバランスの良い魚です。投薬が必要な個体がいれば、カプセルに薬を詰めてそれを魚のエラに押し込んで詰め、そのまま与えます。

### Q 主な仕事は？

飼育動物を見回り、健康チェックや診察、治療をすることです。体重が大幅に減っていないか、どこかに異常がないかなどをチェックします。ペンギンは基本的に羽毛があるので実際に触診して体の異常を早期に見つけることを心がけています。ときには、口を開けて口の中を見たり、足の裏に趾瘤症（しりゅうしょう）などの異常がないかなども確認します。

### Q 一番気をつけていることは？

その担当の飼育員にしかわからないことは少なくありません。わからないことをすぐ聞いたり、自分がいない日でも仕事が回るよう飼育員と連携し、健康管理に努めています。

### Q 学校での学び・経歴は？

小さいころからさまざまな動物を飼いました。川に入って魚を獲ったり、親の転勤で移り住んだ土地で野鳥を保護し飼ったりもしました。自分が飼っている生きものは自分で診たい、治してあげたいなと思ったのが獣医を目指したきっかけです。大学の獣医学部に進み、新卒でサンシャイン水族館に就職し関連施設であるしながわ水族館を経て、サンシャイン水族館に戻り今に至ります。

### Q おもしろエピソードを教えてください。

診察中は必死なのであまり面白いことは……。でも、孵卵器で卵をかえして人工育雛で育てたマリオのことは印象的です。ペローシス（腱はずれ）になり足が開いて立てなくなったので、水槽の配管に使うパイプに入れて治療しながら育てました。その様子は土管から顔を出すファミコンゲームのマリオみたいで、ここから名前をマリオにしました。

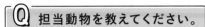

## 感染症に注意し、見守っています。

**— サンシャイン水族館といえばケープですが、昔はどうでしょう？**

**遠藤さん**　ケープ、マゼラン、イワトビ、マカロニ、キングがいました。まとめて飼育し違いを見せる展示方法でした。「フンボルト属は交雑するから一緒にしてはいけない」と言われていなかった時代です。

**— ご苦労もあったのでは？**

**遠藤さん**　飼育・医療の情報が少なかったので、大学の図書館に通ったり、講習会に行ったりしていました。必要な情報が1つでもあれば高額な資料も買っていました。自腹で（笑）。また、今でこそさまざまな医療関連の機材がありますが、私が入社したころは顕微鏡しかなかったんですよ。この機材が必要、あの機材も必要と会社に言い続けてそろえてもらいました。

**— 具体的な実務は？**

**遠藤さん**　診断して薬を出しますが、飲んで欲しい薬はカプセルに詰め、魚のエラに押し込んで魚ごと与えます。直接口に錠剤を押し込んでも吐き出しますが、魚ごとだと丸飲みしてくれます。また、漢方薬を使うこともあります。夏バテ気味のときは、六君子湯などが候補です。漢方はよく使います。投薬中は全身状態を確認する必要があるので、定期的に採血をします。

**— 針はどこに？**

**遠藤さん**　足の甲も採血可能ですが、足の付け根あたりが採血しやすく、保定もしやすいです。

**— かかりやすい病気は？**

**遠藤さん**　アスペルギルス感染症とマラリア、趾瘤症などです。

**— 鳥インフルエンザは？**

**遠藤さん**　日本ではまだペンギンへの感染例がないのですが海外ではあるので警戒しています。対策は、屋外の水槽の上部にシートを張って野鳥との接触を減らすことや、バックヤードへ移動させて隔離することです。展示水槽からバックヤードに移動させると、個体同士のパワーバランスが崩れます。巣穴もバックヤードに移動する事になるので闘争がおきないよう注意します。

## もっと知りたいCOLUMN

# イワトビペンギン

以前のペンギンの本や雑誌では、イワトビペンギンが1種しか載っていないこともあります。それは、「キタイワトビとミナミイワトビが同一種である」と考えられていたからです。

キタイワトビとミナミイワトビは、体長や冠羽の長さなどで見分けられます。また、生息地も大きく離れており、キタイワトビは気温や海水温が高い環境に適応し、ミナミイワトビは寒冷な環境に適応しているという違いもあります。

さらに、頭部の黄色い羽毛がより明るく、体も大きいヒガシイワトビペンギンがいましたが、ミナミイワトビの亜種とされていました。このヒガシイワトビは近年、分類の観点から別種として扱うようになりました。つまり、「イワトビペンギン属はキタ、ミナミ、ヒガシの3種である」とする考え方です。

この3種は見た目がよく似ていますが、自然分布地や暮らし・繁殖のスタイルが異なり、遺伝的な差異も少なからずあることがわかりました。

こうした考えを踏まえ、水族館や動物園では、別々の種として分類し、同じスペースで飼育しないようにする動きが出てきています。このことにより、遺伝的多様性を維持し交雑による混乱を防ぐことができるのです。

種の分類を明確にすることは、保全活動にとても大きな意義を持つということなのですね。

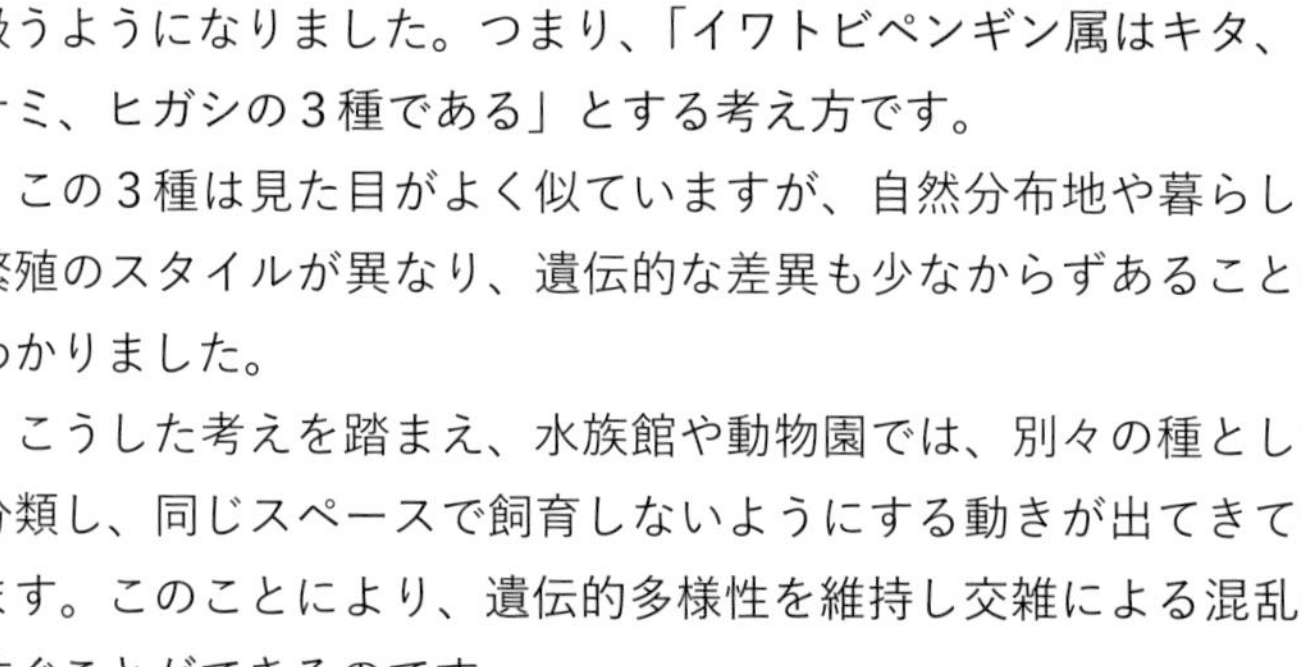

# 5章

## ペンギンに会える施設ガイド

「国内にペンギンは6000羽いる」という説もあるほどのペンギン大国、日本。ペンギンのいる動物園や水族館などの飼育・展示の情報をまとめました。

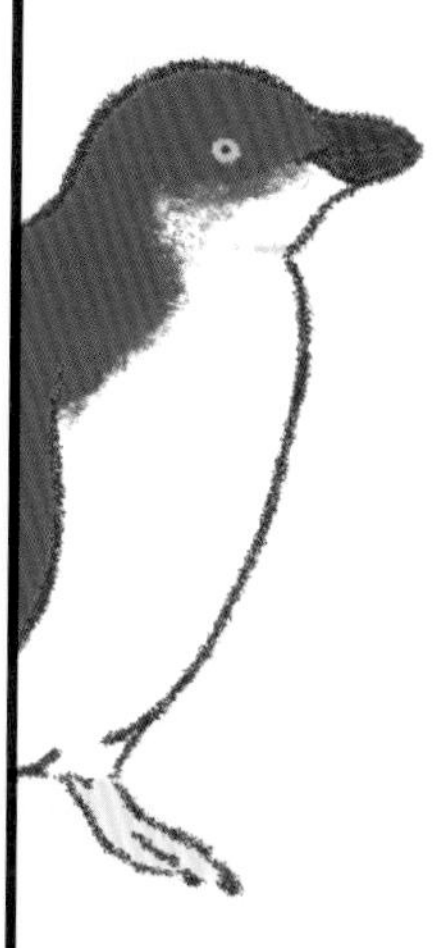

文中の丸文字はペンギン種を示します。

エ エンペラーペンギン　キ キングペンギン　ア アデリーペンギン
ヒ ヒゲペンギン　ジ ジェンツーペンギン　マカ マカロニペンギン
キタ キタイワトビペンギン　ミ ミナミイワトビペンギン　フ フンボルトペンギン
ケ ケープペンギン　マ マゼランペンギン　コ コガタペンギン

## ペンギンに会える施設 GUIDE

### 北海道 札幌市円山動物園

北海道最初の動物園。南米原産で寒がりのフンボルトペンギンのため、展示場の一角にヒーターが設置されている。 フ

DATA 北海道札幌市中央区宮ヶ丘3-1
https://www.city.sapporo.jp/zoo/

### 北海道 旭川市旭山動物園

ぺんぎん館にある360度見渡せる水中トンネルでは、ペンギンが飛んでいるように泳ぐ姿を観察できる。12月下旬～3月下旬（積雪期）の「ペンギンの散歩」が人気。 キジフミ

DATA 北海道旭川市東旭川町倉沼
https://www.city.asahikawa.hokkaido.jp/asahiyamazoo/

### 北海道 釧路市動物園

北海道最大の動物園。園内の「北海道ゾーン」の湿原には木道散策路があり、北海道固有の動物を展示している。正門近く、中央広場のペンギン舎でフンボルトペンギンを観察できる。 フ

DATA 北海道釧路市阿寒町下仁々志別11
https://www.city.kushiro.lg.jp/zoo/

### 北海道 ノースサファリサッポロ

動物と濃密に触れ合える体験型動物テーマパーク。ペンギンにエサをあげる体験が人気。また併設のアニマルグランピングではケープペンギンとガラス1枚の距離感でお泊りできる。 ケ

DATA 北海道札幌市南区豊滝469-1
https://www.north-safari.com/

### 北海道 室蘭民報みんなの水族館

1953年に開館した北海道最古の水族館。約100mの散歩コースを往復するペンギンの行進では、障害物を乗り越えヨチヨチと歩く可愛らしい姿を間近で見ることができる。 フ

DATA 北海道室蘭市海岸町1-5-1
http://iburi.net/murosui/

### 北海道 おたる水族館

希少なネズミイルカ、オタリア・セイウチなどの海獣パフォーマンスで知られる。ペンギンファンなら、夏はマイペースさを楽しむペンギンショー、冬はジェンツーの雪中さんぽは必見。 フジ

DATA 北海道小樽市祝津3-303
https://otaru-aq.jp/

### 北海道 AOAO SAPPORO（アオアオ サッポロ）

2023年夏オープン予定。陸場の形状が変化する世界初の展示システムを導入。陸場を“ホップ”して（飛び跳ねて）移動するペンギンの姿を間近で観察できる。 キタ

DATA 北海道札幌市中央区南2条西3-20 mouyuk SAPPORO 4F～6F　https://aoao-sapporo.blue/

### 北海道 新さっぽろサンピアザ水族館

大型ショッピングセンターに隣接し、JRと地下鉄駅からすぐのコンパクトな都市型水族館。館内2階ペンギン広場のケープペンギンは食事以外はマイペースでのんびり。 ケ

DATA 北海道札幌市厚別区厚別中央2-5-7-5
https://www.sunpiazza-aquarium.com/

### 北海道 登別マリンパークニクス

同園のシンボルはお城の中が丸ごと水族館の「ニクス城」。ニクス広場で毎日開催される人気イベント「ペンギンパレード」ではペンギンたちに大接近できる。 キケジ

DATA 北海道登別市登別東町1-22
https://www.nixe.co.jp/

## 秋田　男鹿水族館GAO

日本海の海際に建つ水族館。ホッキョクグマをはじめ、アザラシや秋田県の県魚「ハタハタ」など約400種1万点を飼育展示。水量約800トンの男鹿の海大水槽は圧巻。ジ キタ

**DATA**　秋田県男鹿市戸賀塩浜
https://www.gao-aqua.jp/

## 秋田　秋田市大森山動物園 ～あきぎんオモリンの森～

秋田市南部の大森山にある市営動物園。園内には大森山ゆうえんち「アニパ」もあり、家族連れでにぎわっている。フ

**DATA**　秋田県秋田市浜田字潟端154
https://www.city.akita.lg.jp/zoo/

## 福島　東北サファリパーク

およそ900もの生き物が暮らすサファリパーク。アトラクションエリアのアザラシ・ペンギン館にケープペンギンがいる。ペンギンさんぽとふれあいタイムは当面の間お休み中。ケ

**DATA**　福島県二本松市沢松倉1
http://tohoku-safaripark.co.jp/

## 茨城　アクアワールド茨城県大洗水族館

サメの飼育種類数は日本一。屋外エリアが「オーシャンテラス」として2023年3月にリニューアルオープン。フンボルトペンギンの生態や行動を全方位から観察できる。フ

**DATA**　茨城県東茨城郡大洗町磯浜町8252-3
https://www.aquaworld-oarai.com/

## 茨城　日立市かみね動物園

遊園地やレジャーランドも備える日立市かみね公園内にある市営動物園。HP上のスタッフブログが充実。モットーは「楽しく入って、学んで出られる動物園」。フ

**DATA**　茨城県日立市宮田町5-2-22
https://www.city.hitachi.lg.jp/zoo/

## 青森　弘前市弥生いこいの広場

弘前市の郊外、岩木山のふもとに位置するレクリエーション施設。東北に生息する野生動物が主体だが、元気なフンボルトペンギンも必見。開設期間は例年4月中旬～11月上旬。フ

**DATA**　青森県弘前市大字百沢字東岩木山2480-1
http://www.hirosakipark.or.jp/yayoi/

## 青森　浅虫水族館

本州最北端となる青森県営の水族館。「むつ湾の海」を再現した長さ15mのトンネル水槽で、ホタテ養殖や陸奥湾に生息する生き物を観察できる。海獣館にてフンボルトペンギンに会える。フ

**DATA**　青森県青森市浅虫字馬場山1-25
https://asamushi-aqua.com/

## 岩手　岩手サファリパーク

標高200mの丘陵地に約50種500頭の動物たちが暮らす「天空のサバンナ」。放し飼いエリアを行くサファリバスは迫力満点。どうぶつランドエリアでケープペンギンに会える。ケ

**DATA**　岩手県一関市藤沢町黄海字山谷121-2
https://www.iwate-safari.jp/

## 宮城　八木山動物公園フジサキの杜

市街地と仙台湾を見下ろし、仙台城址と八木山ベニーランドに隣接する公立の動物園。ペンギン展示場では、メインプールとともに陸地での生態をじっくり観察できる。フ

**DATA**　宮城県仙台市太白区八木山本町1-43
https://www.city.sendai.jp/zoo/

## 宮城　仙台うみの杜水族館

公式キャラクターは「ペンギンのモーリー」。2022年7月、ケープペンギンの新施設「うみの杜ビーチ-PENGUIN LIFE-」がオープン。
キ ジ フ ミ ケ

**DATA**　宮城県仙台市宮城野区中野4-6
http://www.uminomori.jp/umino/

## 千葉　鴨川シーワールド

北極圏や南極圏の海を再現した「ポーラーアドベンチャー」、冷たいフンボルト海流の流れる南アメリカ・チリ沿岸を再現した「ペンギンの海」でペンギンに会える。キ ジ フ

DATA　千葉県鴨川市東町1464-18
https://www.kamogawa-seaworld.jp/

## 千葉　千葉市動物公園

立ち姿で一世を風靡したレッサーパンダ「風太」で有名。ユニークなイベントを多数開催。アシカ・ペンギン池ではケープペンギンの陸上での動きに加え、泳ぐ姿も観察できる。ケ

DATA　千葉県千葉市若葉区源町 280
https://www.city.chiba.jp/zoo/

## 東京　しながわ水族館

しながわ区民公園内にある水族館。ペンギンランドでマゼランペンギンを展示。6つの巣穴で野生のマゼランペンギンが土を掘って作る巣穴を再現している。マ

DATA　東京都品川区勝島3-2-1
https://www.aquarium.gr.jp/

## 東京　マクセル アクアパーク品川

品川プリンスホテル敷地内にある都市型水族館。ペンギンの展示室がある「ワイルドストリート」ではスタッフ目線のライブ映像を用いた解説プログラムを開催。キ ジ キタ ケ

DATA　東京都港区高輪4-10-30（品川プリンスホテル内）
www.aqua-park.jp

## 東京　すみだ水族館

東京スカイツリータウン®内にある水族館。マゼランペンギンを展示する国内最大級の屋内開放型プール水槽は水量約350トン。すみだペンギン相関図がたびたびSNSで話題になる。マ

DATA　東京都墨田区押上1-1-2号　東京スカイツリータウン・ソラマチ5F・6F　https://www.sumida-aquarium.com/

## 栃木　宇都宮動物園

「自然とどうぶつとこどもたち」がコンセプトのふれあいテーマパーク。園内に遊園地とプール（冬期はマス釣堀）を併設している。ペンギン舎での食事風景が見られる。マ

DATA　栃木県宇都宮市上金井町552-2
https://utsunomiya-zoo.com/

## 栃木　那須どうぶつ王国

ロイヤルリゾートとしても有名な那須高原にある人気の施設。園内のペンギンビレッジに3種のペンギンが暮らしている。エサやり体験（1回100円）も人気。ジ フ ケ

DATA　栃木県那須郡那須町大島1042-1
http://www.nasu-oukoku.com/

## 群馬　桐生が岡動物園

自然の丘陵を利用した市営桐生が岡公園の中にある動物園。隣接する遊園地とともに入園料、駐車場料金は無料。小高い地形にある動物園なので歩きやすい靴で。フ

DATA　群馬県桐生市宮本町3-8-13
http://www.city.kiryu.lg.jp/zoo/

## 埼玉　埼玉県こども動物自然公園

フンボルトペンギンが暮らすペンギンヒルズはチリのチロエ島をモデルにした広さ約4000平方メートルの生態園。泳ぐ様子や、緑に囲まれた丘を歩き回る姿が観察できる。フ

DATA　埼玉県東松山市岩殿554
https://www.parks.or.jp/sczoo/

## 埼玉　東武動物公園

動物園・遊園地・プールと花と植物のエリアが融合したハイブリッドレジャーランド。特徴的なペンギン舎のウォークスルーから間近に生態を観察できる。フ

DATA　埼玉県南埼玉郡宮代町須賀110
https://www.tobuzoo.com/

## 神奈川　川崎市夢見ヶ崎動物公園

川崎市営の動物園で入園料は無料。NHK総合の人気番組「ドキュメント72時間」に登場したこともある。都会の喧騒から離れ、静かにフンボルトペンギンを見られる穴場的スポット。フ

DATA　神奈川県川崎市幸区南加瀬1-2-1
https://www.city.kawasaki.jp/shisetsu/category/30-26-0-0-0-0-0-0-0-0.html

## 神奈川　横浜市立野毛山動物園

みなとみらい21地区を眼下に見下ろす高台に位置する野毛山公園の中にある動物園。入園料は無料。フンボルトペンギンのお食事タイムイベントあり(開催日時は要確認)。フ

DATA　神奈川県横浜市西区老松町63-10
https://www.hama-midorinokyokai.or.jp/zoo/nogeyama/

## 神奈川　よこはま動物園ズーラシア

「生命の共生・自然との調和」をメインテーマに掲げる国内最大級の動物園。亜寒帯の森ゾーンでフンボルトペンギンに会える。陸上での様子に加え、水中を颯爽と泳ぐ姿も観察できる。フ

DATA　神奈川県横浜市旭区上白根町1175-1
https://www.hama-midorinokyokai.or.jp/zoo/zoorasia/

## 神奈川　新江ノ島水族館

相模湾と太平洋に暮らす生物をテーマにした水族館。ペンギン・アザラシエリアでフンボルトペンギンを展示している。フ

DATA　神奈川県藤沢市片瀬海岸2-19-1
https://www.enosui.com/

## 神奈川　箱根園水族館

海水水族館では日本最高標高に位置。手ぬぐい姿の「温泉アザラシ」が有名だが、1995年からマカロニを飼育中。秀吉&ねねのペアと、メスの帰蝶(きちょう)の3羽にご注目。キジマカケ

DATA　神奈川県足柄下郡箱根町元箱根139
https://www.princehotels.co.jp/amuse/hakone-en/suizokukan/

## 東京　上野動物園

1882年に開園した日本で最初の動物園。ジャイアントパンダが人気。西園にあるペンギン舎は、本来のケープペンギンの生息地をイメージしてリニューアルした。ケ

DATA　東京都台東区上野公園9-83
https://www.tokyo-zoo.net/zoo/ueno/

## 東京　井の頭自然文化園

写真提供:(公財)東京動物園協会

井の頭恩賜公園の一角にあり、動物園(本園)と水生物園(分園)からなる。自然豊かな園内には彫刻園やツバキ園、日本庭園などもある。吉祥寺でフンボルトペンギンに会えるなんて!フ

DATA　東京都武蔵野市御殿山1-17-6
https://www.tokyo-zoo.net/zoo/ino/

## 東京　ヒノトントンZOO(羽村市動物公園)

1978年に全国初の町営動物公園として開園し、愛称は「ヒノトントンZOO」。ペンギンエリアではフンボルトペンギンの生態を間近に観察できる。フ

DATA　東京都羽村市羽4122
https://hamurazoo.jp/

## 東京　江戸川区自然動物園

行船公園にある動物園。手を伸ばせば届きそうな近さでペンギンたちが見られる。「もぐもぐタイム」では、魚の食べ方や食べた後のくつろぐ様子をじっくり観察できる。フ

DATA　東京都江戸川区北葛西3-2-1号 行船公園内
https://www.edogawa-kankyozaidan.jp/zoo/?locale=ja

## 神奈川　横浜・八景島シーパラダイス

海・島・生きものの複合型テーマパーク。水族館は4つの施設で構成される。ショーやイベントにも登場する大人気のペンギンは5種類を展示。キミジアケ

DATA　神奈川県横浜市金沢区八景島
http://www.seaparadise.co.jp/

## 石川 のとじま水族館

ジンベエザメなど能登半島近海に生息、回遊してくる生物をメインに飼育展示。ペンギンプールでマゼランペンギンを展示。観客通路でのお散歩タイムは仕切りもなく間近で観察が可能。マフ

DATA 石川県七尾市能登島曲町15部40
https://www.notoaqua.jp/

## 石川 いしかわ動物園

辰口丘陵公園の23haの敷地にて、自然の地形を生かした生息環境を再現した動物園。ふれあいひろばにマゼランペンギンを展示。素早く水中を泳ぐ姿を横からガラス越しに観察できる。マ

DATA 石川県能美市徳山町600
https://www.ishikawazoo.jp/

## 福井 越前松島水族館

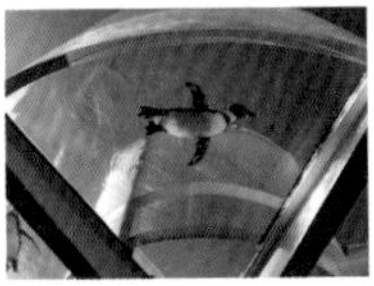

ぺんぎん館では亜南極圏の3種類のペンギンを展示。フンボルトペンギンの生息地を再現したぺんぎんらんどもある。空中ハート水槽や、1日2回のお散歩タイムは必見。キジミフ

DATA 福井県坂井市三国町崎74-2-3
https://www.echizen-aquarium.com/

## 長野 須坂市動物園

臥竜公園内にある動物園で、D51蒸気機関車実物展示と冬期のカピバラ温泉が有名。温帯性のフンボルトペンギンを飼育展示しており、須坂市の夏季も野外で過ごせる。フ

DATA 長野県須坂市臥竜2-4-8（臥竜公園）
https://www.city.suzaka.nagano.jp/suzaka_zoo/

## 長野 小諸市動物園

小諸城址・懐古園にある動物園。美術館や記念館なども整備された小諸駅徒歩3分の複合観光スポット。ペンギン村でフンボルトペンギンが水中で泳ぐ姿をガラス越しに見ることができる。フ

DATA 長野県小諸市丁311 https://www.city.komoro.lg.jp/soshiki
karasagasu/kaikoenjimusho/shisetsuannai/1/midori/index.html

## 新潟 新潟市水族館 マリンピア日本海

600種2万点の生物を擁する総合水族館。館内は10のゾーンで構成され、ペンギン海岸でフンボルトペンギンを展示。広い陸上部には営巣箱が多く設置され、繁殖にも取り組んでいる。フ

DATA 新潟市中央区西船見町5932-445
https://www.marinepia.or.jp/

## 新潟 上越市立水族博物館 うみがたり

マゼランペンギンファンなら飼育数日本一のこちらへ！「マゼランペンギンミュージアム」2階は生息地を再現した展示で間近で観察でき、1階では水中を飛ぶように泳ぐ姿が見られる。マ

DATA 新潟県上越市五智2-15-15
http://www.umigatari.jp/joetsu/index.html

## 新潟 長岡市寺泊水族博物館

海に浮かぶ八角形の建物が特徴の水族館。展望室などから海を一望できる。展示水槽には300種10,000匹もの近海魚や熱帯魚が遊泳。ペンギン広場ではマゼランペンギンを飼育展示。マ

DATA 新潟県長岡市寺泊花立9353-158
https://aquarium-teradomari.jp/

## 富山 魚津水族館

日本に現存する中で最も歴史のある水族館。屋外のペンギンプールにてフンボルトペンギンを展示。お食事タイムでの、よちよち歩いてエサをねだる姿は必見だ。フ

DATA 富山県魚津市三ケ1390
https://www.uozu-aquarium.jp/

## 富山 富山市ファミリーパーク

里山の自然環境の中で日本の動物を中心に、希少な世界の動物を飼育している動物園。乗馬や遊園地、アスレチックあり。ペンギン池でフンボルトペンギンを展示。フ

DATA 富山県富山市古沢254
https://www.toyama-familypark.jp/

## 愛知 南知多ビーチランド

おもちゃ王国やアトラクションも楽しめる複合型テーマパーク。ビーチランドはふれあいイベントが多彩。フンボルトペンギンに餌やり体験が可能。※開催は不定期です。フキジ

**DATA** 愛知県知多郡美浜町奥田428-1
https://beachland.jp/

## 愛知 豊橋総合動植物公園(のんほいパーク)

魅力的な施設が併設された総合公園。動物園では極地動物館にオウサマ、ジェンツー、ミナミイワトビが、屋外ではフンボルトペンギンが飼育展示されている。キジミフ

**DATA** 愛知県豊橋市大岩町字大穴1-238
https://www.nonhoi.jp/

## 愛知 名古屋市東山動植物園

写真提供:名古屋市東山動植物園

飼育する動物は約450種と国内では最多を誇る人気の動物園。ゾージアムやコアラ舎など立派な施設は流石のひとこと。ペンギンは3種を観察することができる。キフキタ

**DATA** 愛知県名古屋市千種区東山元町3-70
https://www.higashiyama.city.nagoya.jp/

## 三重 鳥羽水族館

写真提供:鳥羽水族館

飼育種類数は約1,200種と日本一、日本で唯一ジュゴンに会える水族館だ。水の回廊(アクアプロムナード)でペンギンが目の前をお散歩して通過するのを間近に見られる。フ

**DATA** 三重県鳥羽市鳥羽3-3-6
https://aquarium.co.jp/

## 三重 伊勢夫婦岩ふれあい水族館シーパラダイス

ほとんどのペンギンは海岸や崖・森の中などの土の上で暮らしているが、その様子をペンギンの森で再現している。手が届いてしまう距離で見ることができる。フケ

**DATA** 三重県伊勢市二見町江580
https://ise-seaparadise.com/

## 静岡 伊豆・三津シーパラダイス

ペンギンの生活エリアに入り込む新感覚展示エリア「ペンパラ」で、ペンギンに給餌体験ができるイベント「大接近！ペンギンにお魚をあげよう」が人気。フケ

**DATA** 静岡県沼津市内浦長浜3-1
https://www.mitosea.com/

## 静岡 静岡市立日本平動物園

様々な角度から観察できるペンギン館は必見。過去に血統更新のために他園から有精卵を譲り受け、抱卵しているペアの卵と交換することで仮親による繁殖に成功。フ

**DATA** 静岡県静岡市駿河区池田1767-6
https://www.nhdzoo.jp/

## 静岡 浜松市動物園

ペンギン池にフンボルトペンギンが飼育展示されている。雄と雌を飼育中で、繁殖に取り組んでいる。平日は毎日お食事タイムを開催している(中止の可能性あり)。フ

**DATA** 静岡県浜松市西区舘山寺町199
https://hamazoo.net/

## 静岡 伊豆シャボテン動物公園

「元祖カピバラの露天風呂」で知られている動植物園。約1,500種類の世界中のサボテンや多肉植物が栽培されている。動物との距離が近いのも魅力。ケ

**DATA** 静岡県伊東市富戸1317-13
https://izushaboten.com/

## 静岡 あわしまマリンパーク

子どもに大人気のアシカショーや、ペンギンのごはんあげなどイベントは盛りだくさん。キタイワトビペンギンに会えるのは、静岡県ではあわしまマリンパークだけ。フケキタ

**DATA** 静岡県沼津市内浦重寺186
http://www.marinepark.jp/

### 兵庫　城崎マリンワールド

海獣たちのアスレチックフィールド「Tube（チューブ）」にペンギンプールあり。間近で観察できるペンギンの散歩が人気。階段を降りたり登ったり、運動神経抜群だ。㋫

DATA　兵庫県豊岡市瀬戸1090
https://marineworld.hiyoriyama.co.jp/

### 兵庫　神戸市立王子動物園

写真提供:神戸市立王子動物園

キリン、コアラ、アジアゾウだけでなくペンギンもお見逃しなく。動物科学資料館脇にペンギン舎が。お食事タイムは13時10分～。資料館の休憩ホールからガラス越しに泳ぐ姿を観察できる。㋫

DATA　兵庫県神戸市灘区王子町3-1
https://www.kobe-ojizoo.jp/

### 兵庫　神戸どうぶつ王国

アウトサイドパークにある「アクアバレー」にはケープペンギンがいる。給餌イベント「ペンギンおやつタイム」を実施。我先にと水しぶきをあげてやってくるペンギンたちが大迫力。㋘

DATA　兵庫県神戸市中央区港島南町7-1-9
https://www.kobe-oukoku.com/

### 兵庫　姫路市立動物園

ペンギン舎というより「ぺんぎんあぱーと」の方がなじみ深いでしょうか。ペンギンたちのプライバシーに配慮した手作り巣箱の効果は抜群で、次々にひながふ化している。㋮

DATA　兵庫県姫路市本町68
https://www.city.himeji.lg.jp/dobutuen/

### 兵庫　姫路セントラルパーク

ドライブスルーサファリも人気だがペンギン目的ならウォーキングサファリを選択。カンガルー広場横のペンギンエリアで放し飼いにされるケープペンギンは、群れの観察を楽しみたい。㋘

DATA　兵庫県姫路市豊富町神谷1434
https://www.central-park.co.jp/

### 三重　大内山動物園

全国でも珍しい個人経営の動物園であり応援したくなる。私設動物園ながらライオンやクマをはじめ飼育展示される生物は多様。ペンギンはフンボルトペンギンが暮らしている。㋫

DATA　三重県度会郡大紀町大内山530-4
http://www.oouchiyama-zoo.com/

### 京都　京都水族館

京都水族館で暮らすペンギンは京都の通り名から名前をつけられています。毎年10月から翌年3月頃は恋の季節。巣箱で2羽だけの愛に包まれた時間を過ごすカップルにもご注目！㋘

DATA　京都府京都市下京区観喜寺町35-1（梅小路公園内）
https://www.kyoto-aquarium.com/

### 京都　京都市動物園

上野に続き全国で2番目に開園した動物園。水中を泳ぐ様子をガラス越しに観察できるペンギンプールでフンボルトペンギンを展示し、繁殖に取り組んでいる。㋫

DATA　京都府京都市左京区岡崎法勝寺町 岡崎公園内
https://www5.city.kyoto.jp/zoo/

### 大阪　海遊館

大阪にある世界最大級の水族館。大きなジンベエザメが悠々と泳ぐ巨大水槽や、自然を体感するエリアが人気。4種のペンギンが飼育展示される。㋖㋛㋐㋯

DATA　大阪府大阪市港区海岸通1-1-10
https://www.kaiyukan.com/

### 大阪　天王寺動物園

1915年開園の長い歴史を持つ都市型動物園。生態的展示と多彩なイベントが魅力。フンボルトペンギンが広いプールで泳いだり、陸上でゆっくりと過ごす姿は必見。㋫

DATA　大阪府大阪市天王寺区茶臼山町1-108
https://www.tennojizoo.jp/

## 広島 みやじマリン宮島水族館

ペンギンプールでは水中を飛ぶように泳ぐ姿や、岩場でくつろぐかわいいフンボルトペンギンの姿が見られる。季節になるとメスとオスのつがいが仲良く巣づくりや子育てに励む様子が愛おしい。フ

**DATA** 広島県廿日市市宮島町10-3
https://www.miyajima-aqua.jp/

## 広島 福山市立動物園

豊かな自然に囲まれた環境で、動物たちを間近に観察できる。ペンギンゾーンにてジェンツーペンギンとフンボルトペンギンが飼育展示されている。ジフ

**DATA** 広島県福山市芦田町福田276-1
https://www.fukuyamazoo.jp/index.php

## 広島 広島市安佐動物公園

現在は5羽のフンボルトペンギンが暮らしている。AR・GPSを活用した園内サポート、動物にちなんだコンテンツが詰まった公式アプリ「あさ図鑑 asa zoo can」が大好評。フ

**DATA** 広島県広島市安佐北区安佐町大字動物園
http://www.asazoo.jp/

## 山口 周南市徳山動物園

現在進行形でリニューアル事業に取り組んでおり、進化し続けている動物園。北園のペンギンプールにフンボルトペンギンが飼育されている。個体の差による性格の違いが分かるかな？フ

**DATA** 山口県周南市大字徳山5846
https://www.city.shunan.lg.jp/site/zoo/

## 愛媛 道の駅 虹の森公園まつの おさかな館

四万十川の淡水魚をメインにコツメカワウソが人気。ペンギン舎ではフンボルトペンギンが暮らしている。お散歩ペンギンや移動水族館で元気に活躍中だ。フ

**DATA** 愛媛県北宇和郡松野町大字延野々1510-1
https://morinokuni.or.jp/publics/index/27/

## 兵庫 AQUARIUM × ART átoa（アトア）

神戸ポートミュージアムに出現した劇場型アクアリウム。4階の「SKYSHORE 空辺の庭」ゾーンで7羽のフンボルトペンギンに会える。土日祝日・特定日は日時指定入場制。フ

**DATA** 兵庫県神戸市中央区新港町7-2
https://atoa-kobe.jp/

## 和歌山 和歌山城公園動物園

和歌山城の敷地内にある動物園。大正時代の開園以来入園は無料。童話園にフンボルトペンギンがいる。2020年5月より、大阪のみさき公園の個体を受入れ継続飼育している。フ

**DATA** 和歌山県和歌山市一番丁3番地
http://wakayamajo.jp/animal/

## 和歌山 アドベンチャーワールド

繁殖プロジェクトに取り組み、希少なエンペラーを含む国内最多の8種類約500羽を飼育する。海獣館ではそのうち7種を見学できる。
エキアヒジケキタコ

**DATA** 和歌山県西牟婁郡白浜町堅田2399
https://www.aws-s.com/

## 島根 島根県立しまね海洋館アクアス

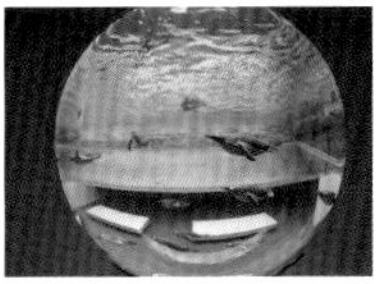

シロイルカの「幸せの縁ミラクルリング」パフォーマンスで人気。ペンギン館で4種のペンギンの歩きや仕草を観察できる。頭上を飛ぶように泳ぐ姿も注目だ。
キジキタフ

**DATA** 島根県浜田市久代町1117-2
https://aquas.or.jp/

## 島根 松江フォーゲルパーク

全天候型の花と鳥のテーマパーク。トロピカルエイビアリーと屋外ペンギンプールの2か所でケープペンギンが暮らし、プールではスイスイ泳ぐ姿を見せてくれる。
ケ

**DATA** 島根県松江市大垣町52
https://www.ichibata.co.jp/vogelpark/

## 福岡　久留米市鳥類センター

毎月第2日曜日14時にペンギンのお食事タイムがある(現在は感染対策のため中止中)。こう見えて意外と攻撃力が盛んで、子育て中などはクチバシぐりぐりで威嚇してくることも。ケ

DATA　福岡県久留米市東櫛原町中央公園内
https://kurumekoen.org/birdc/

## 福岡　マリンワールド海の中道

かいじゅうアイランド内、ペンギンの丘にてケープペンギンが飼育展示されている。食事の「ペンギンタイム」や体験イベント「パクパクペンギン」が人気だ。ケ

DATA　福岡県福岡市東区大字西戸崎18-28
https://marine-world.jp/

## 長崎　九十九島動植物園森きらら

ペンギン館に15羽のフンボルトペンギンがいる。森きららのペンギンたちはエレベーターに乗って芝生広場にでかけたり、飼育員の合図で声を出したりと元気いっぱいだ。ワ

DATA　長崎県佐世保市船越町2172
https://morikirara.jp/

## 熊本　熊本市動植物園

遊園地ゾーンを併設する動植物園。ペンギン舎にはフンボルトペンギンが飼育展示されている。魚を頭から丸飲みする様子などをじっくり観察したい。ワ

DATA　熊本県熊本市東区健軍5-14-2
https://www.ezooko.jp/

## 熊本　阿蘇カドリー・ドミニオン

ペンギンの滝にはフンボルトペンギンが飼育展示されている。泳ぐ姿をガラス越しに見たり、真横から岩場を歩く姿も観察可能。ペンギンのおやつ体験などのイベントもあり。ワ

DATA　熊本県阿蘇市黒川2163
https://www.cuddly.co.jp/

## 愛媛　愛媛県立とべ動物園

写真提供:愛媛県立とべ動物園

ペンギン広場にはフンボルトペンギンが暮らしている。見どころは毎日実施するペンギンのお食事タイム。ガラス越しに水中で泳ぐフンボルトペンギンの姿が観察できる。ワ

DATA　愛媛県伊予郡砥部町上原町240
https://www.tobezoo.com/

## 香川　四国水族館

写真提供:四国水族館

水遊ゾーンにはケープペンギンが飼育展示されている。スタッフの解説付きの「フィーディングタイム」に加え、有料体験プログラム「ペンギンイーツ」が人気。ケ

DATA　香川県綾歌郡宇多津町浜一番丁4
https://shikoku-aquarium.jp/

## 高知　桂浜水族館

高知県博物館第1号の歴史ある水族館ですが、さまざまな危機を乗り越えニューウェーブ系へと進化。個性的なスタッフとともにフンボルトペンギンが元気に暮らしている。ワ

DATA　高知県高知市浦戸778
https://katurahama-aq.jp/

## 高知　高知県立のいち動物公園

写真提供:高知県立のいち動物公園

こども動物園の屋内展示にジェンツー、屋外にフンボルトペンギンがいる。スタッフがアジを手渡し(ハンドフィーディング)で与えることで、健康管理に活かしている。ジワ

DATA　高知県香南市野市町大谷738
https://noichizoo.or.jp/

## 福岡　福岡市動植物園

動物園南園のペンギンエリアにフンボルトペンギンが31羽飼育展示されている。こちらのペンギンたちは魚を与えるとき、アジの背中側をくわえるように渡さないと食べないのだそう。ワ

DATA　福岡市中央区南公園1-1
https://zoo.city.fukuoka.lg.jp/

## 鹿児島　鹿児島市平川動物公園

ペンギン展示場に暮らすのはフンボルトペンギンたち。「ペンギンのお散歩」では、オスが巣材を吟味し集める様子が繁殖シーズンになると観察できる。㋫

**DATA**　鹿児島県鹿児島市平川町5669-1
https://hirakawazoo.jp/

## 大分　大分マリーンパレス水族館「うみたまご」

「動物とあそぶ×アートとあそぶ」がテーマの新感覚ビーチ「あそびーち」で白黒模様が鮮やかなマゼランペンギンを観察することができる。気分によってあそびーち内をお散歩することも。㋮

**DATA**　大分県大分市大字神崎字ウト3078-22
https://www.umitamago.jp/

## 沖縄　DMMかりゆし水族館

最新の映像表現と空間演出を駆使したニュータイプアクアリウム。2階の亜熱帯気候が織りなす常緑の森にフンボルトペンギンが飼育展示されている。大きな岩場から水中まで観察できる。㋫

**DATA**　沖縄県豊見城市豊崎3-35
https://kariyushi-aquarium.com/

## 大分　別府ラクテンチ

昭和4年創業、九州最古の遊園地。園内の動物コーナーにはフンボルトペンギンが暮らしている。営業日は13時と16時にペンギンのごはんタイム観覧あり。㋫

**DATA**　大分県別府市流川通り18丁目
https://rakutenchi.jp/

## 宮崎　宮崎市フェニックス自然動物園

「フェニックス・シーガイア・リゾート」に隣接する動物園。こども動物村にあるペンギン展示場にケープペンギンが飼育展示されている。㋘

写真提供:宮崎市フェニックス自然動物園

**DATA**　宮崎県宮崎市大字塩路字浜山3083-42
https://www.miyazaki-city-zoo.jp/

この章を制作するにあたり、多くの書籍、雑誌、Web記事などを参照し、最新の情報を掲載するよう務めました。見落としなどがあるかもしれませんが、ご了承ください。

また、上記紹介記事には掲載しておりませんが、本書監修の上田一生先生も関わった『ペンギンの生物学ーペンギンの今と未来を深読み（遺伝いきものライブラリ）』(2020年、エヌ・ティー・エス)などによると以下にもペンギンがいることが記されています。

わっかりうむ ノシャップ寒流水族館、市原ぞうの国、高岡古城公園動物園、甲府市遊亀公園付属動物園(リニューアル中で再開園は2027年春を予定)、飯田市立動物園、葛西臨海水族園、下田海中水族館、福知山市動物園、生きているミュージアム ニフレル、神戸市立須磨海浜水族園、姫路市立水族館、池田動物園、とくしま動物園

※掲載情報は、2023年3月時点、編集部調べ

特にお世話になった

# 水族館

いわずと知れたペンギンの聖地的存在の４館です。
本書制作のため、何度も撮影・取材に行きました。

## 東京　サンシャイン水族館

東京・池袋のサンシャインシティ、ワールドインポートマートビルの屋上に広がるのは、日本初の都市型高層水族館「サンシャイン水族館」。コンセプトは、「天空のオアシス」。ペンギンはケープペンギン1種で、都会の空を泳ぐように見えるよう水槽がデザインされた「天空のペンギン」と、生息地の草原をイメージした「草原のペンギン」の2通りの展示がなされます。ペンギン的話題はもう1つ。アニメ『輪るピングドラム』の舞台となった「サンシャニー国際水族館」はサンシャイン水族館がモデルだ。ケ

DATA　東京都豊島区東池袋3-1 サンシャインシティ ワールドインポートマートビル・屋上
https://sunshinecity.jp/aquarium/

## 愛知　名古屋港水族館

南極の昭和基地の日照時間に合わせて照明を調整し、水槽内に季節を作り出している。秋ごろから繁殖用の巣材の搬入が行われ、水槽内の照明も明るくなり、観察や撮影がしやすくなる。その年生まれたジェンツーなどのヒナは12月ごろ、体重測定の様子を公開するイベントがある。通年で通って長く観察したい。ペンギン情報コーナーでは体のつくりや繁殖への取り組みについて紹介している。また、野生のペンギンたちの重要なエサであるナンキョクオキアミの飼育も行い、世界初の繁殖にも成功。エアヒジ

DATA　愛知県名古屋市港区港町1-3　https://nagoyaaqua.jp/

山口

## 下関市立しものせき水族館「海響館」

国内最大級のペンギン展示施設「ペンギン村」では、亜南極と温帯の2つの気候エリアに生息するペンギン5種類約140羽が展示されている。温帯ゾーン（屋外）は、フンボルトペンギンの野生生息地の再現を追求しており、亜南極ゾーン（屋内）には、最大水深6m、水量約700㎡という圧巻のスケールのペンギン水槽がある。希少なマカロニペンギンの繁殖にも注力中だ。また、亜南極ゾーンではペンギンが水中を群れで泳ぐところが見られるイベント「ペンギン大編隊」が開催されており、魅力が満載。キジマカミフ

DATA　山口県下関市あるかぽーと6-1　https://www.kaikyokan.com/

長崎

## 長崎ペンギン水族館

世界のペンギン全18種類の半数となる9種類を飼育中。フンボルト、ケープ、マゼランを同時に見られるのは希少性が高い。また、キタイワトビとミナミイワトビも同時に見られる。旧長崎水族館から蓄積された資料をデータベース化した「人鳥情報室」には、ペンギンに関するあらゆる情報がぎっしり。このように知的好奇心をしっかり満たしつつも、「ふれあいペンギンビーチ」などもありエンタメ性も十分。キヒジキタミフケマコ

DATA　長崎県長崎市宿町3-16　https://penguin-aqua.jp/

肉眼で見るとかわいいのに、写真だとイマイチ。止まっていれば撮れるけど、
泳いでいるとブレる……。ペンギン写真のお悩みを解消し、撮影が楽しくなる情報です。

スマホやカメラの性能はどんどん進化し、簡単に良い写真が撮れるようになりました。ですが、カメラの技法を学ぶことは大切です。「屋外ならまだしも、屋内の水槽での撮影が苦手」というお悩みを解消すべく、ペンギンに限定した撮影テクニックをまとめました。

## カメラはミラーレス推奨

スマホでも十分ですが、レンズが交換できるデジタルカメラ（デジカメ）を持つことをおすすめします。デジカメには一眼レフとミラーレスなどがあり、それぞれに一長一短があります。

また、レンズが交換できない小型のコンパクトデジタルカメラ（コンデジ）もあります。

水族館や動物園ではミラーレスカメラを使っている人が多いようです。軽量なので、持ち歩いても疲れにくいという利点があります。

もし、これから選ぶなら、レンズが交換できるミラーレスが良さそうです。暗い環境でもブレにくい「高感度撮影対応」の機種、連写速度が高いものを推薦します。

また、被写体認識ＡＦ機能で、魚を認識してくれるカメラもあります。

## レンズは2本で十分

カメラのボディは1台でもレンズが2本あれば、現場で困ることはないでしょう。ズームレンズ（24-80㎜程度、万能向き）と単焦点レンズ（35㎜程度のF値が明るいレンズ、暗い水槽向き）のセットをおすすめします。事前に、素早くレンズ交換できるように練習をしておきましょう。

現場では、標準ズームをメイン使いし、暗くて撮れない場合は明るい単焦点に付け替えて試してみましょう。

そのほか、明るい屋外での撮影に便利な望遠レンズ（80-300㎜程度）があれば、撮りたいものにぐぐっと寄った写真が撮れます。

目、フリッパー、おしりなどお好きなパーツを好きなように切り取ってみては？

## 三脚・フラッシュNG

三脚・一脚の使用は控えましょう。生き物相手にフラッシュも厳禁です。

## カメラの設定

ボディのダイヤルやタッチパネルを操作して、撮影モードを決めます。最初はフルオート（Ｐ）からスタートしましょう。慣れてきたら、シャッター優先オート（Ｓ）に挑戦。設定をいろいろ変えながら、「設定例：F値オート シャッタースピード1／1000 ISO800」、「設定例：F値オートシャッタースピード 1／60 ISO400」などを試してみて被写体のブレ具合を試してみてください。

狙い通りに撮れるようになった

監修◎虫上智さん　公益社団法人 日本写真家協会（JPS）会員。
スタジオ運営・講師業の傍ら、水族館・水中をテーマに作品制作している。

＼ 読むだけで写真上達！ ／

# ペンギン撮影テクニック

ら、Ｆ値を意識し、マニュアル（Ｍ）モードも試してみましょう。

## シャッタースピード

　陸上の動いていないペンギンはどんなモードや設定でも撮りやすく、１／60秒以下でも大丈夫です。

　逆に動いているペンギンは１／５００秒以上を目安にします。これは、被写体ブレやボケを防ぐ意図があります。

　水中を速く泳いでいる様子や、水面ジャンプで顔を出したときは、１／１０００秒以上が必要です。

## ＩＳＯ感度

　Ｆ値の明るいレンズでは、基本的には低めの設定をおすすめします。これは、高感度ノイズや画質劣化を防ぐためです。理屈は複雑なため、「明るい場所ではＩＳＯ１００〜４００程度、暗い場所ではＩＳＯ４００〜８００程度」と、丸暗記かメモしておくだけでＯＫ！

　キットレンズなどのＦ値の暗いレンズは、ＩＳＯを上記の倍くらいまで上げる必要があります。

## Ｆ値

　Ｆ値とは、カメラのレンズにある光を通す穴の大きさを表す数字です。数字が小さいほど穴は大きくなり、数字が大きいほど穴は小さくなります。穴が大きいと多くの光が入り写真が明るくなり、穴が小さいと少ない光しか入らず、写真が暗くなります。

　Ｆ値は明るさだけでなく、ピントの深さ（被写界深度）にも関連するため、バランスを考えながら決めます。使うレンズのもっとも明るい側から試し、ピントの深さがイマイチだったら数字を変えます。

　ペンギンの館内であれば、Ｆ値開放が目安です。数値としては、Ｆ１・２〜Ｆ２・８程度。

　追記として、最近見かける湾曲した水槽ではピントが合わせにくいので、Ｆ値を８〜16くらいまで絞ってみてください。

## ホワイトバランス

　色温度（色の暖かさや冷たさ）を調整する機能です。設定はオートで十分ですが、ライトなどの影響で正しい色で撮れない場合も。そんなときは手動で調整するほか、ＲＡＷデータで撮影しておくと、ソフトで補正しやすいので便利です。

## ペンギンをよ〜く観察

　お目当てのペンギンがいるならまずは観察。１、２羽に絞って、泳ぐコースやよくいる場所を把握し、その場所にピントを合わせて待つ方法（置きピン）もあります。つがいや親子など、ペンギン同士のコミュニケーションも狙ってみましょう。

　それでも予想できない動きをするのが、被写体としてのペンギンの魅力。連写機能を活用すれば、最高のショットを逃しませんよ！

\おまけ/

# 撮ってみたいこんな写真

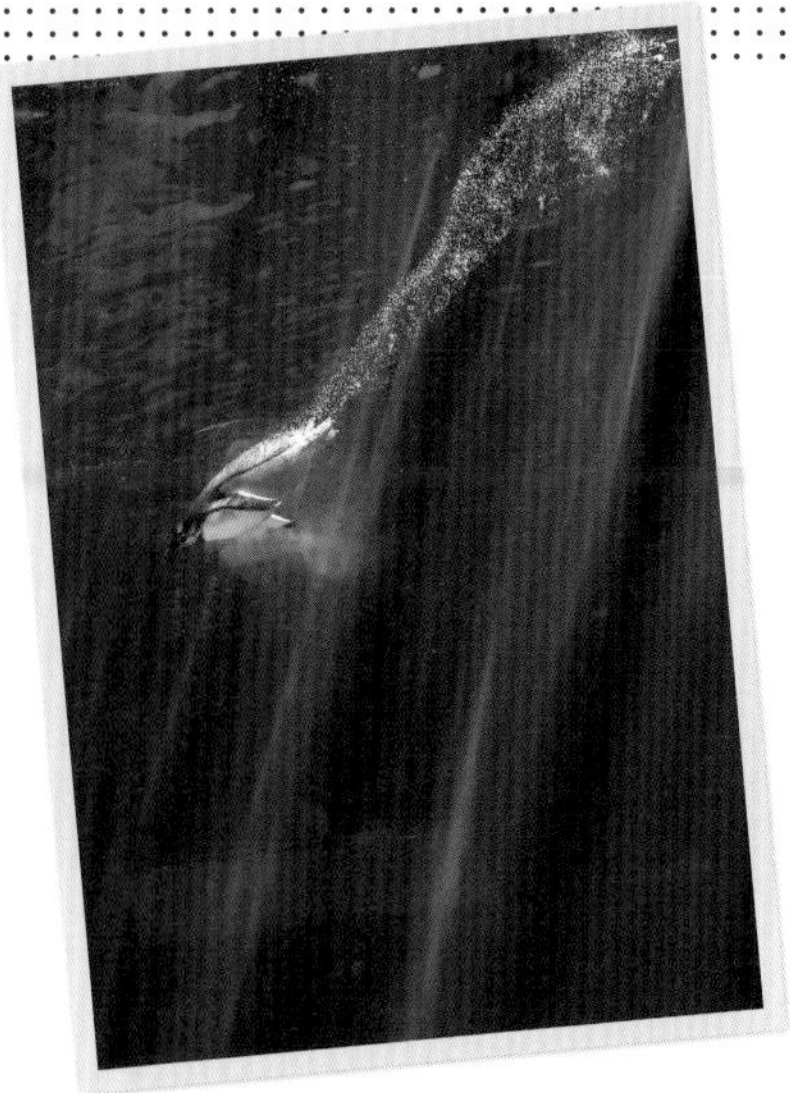

## ペンギンの背中から出る泡

（下関市立しものせき水族館「海響館」）

**DATA**

カメラとレンズ:OLYMPUS OM-1
M.ZUIKO DIGITAL ED 17mm F1.2
設定:F3.2 1/800秒 ISO200

「この水槽は水槽の上部から差し込む光がとても美しく、その中を悠々と泳ぐペンギンを椅子に座りながら観察できます。陸からペンギンが飛び込む瞬間に背中から出る気泡が波模様を描いて、美しい光の中でペンギンの動きを感じさせる作品となりました」（虫上さん）

## ペンギンのイルカジャンプ

（名古屋港水族館）

**DATA**

カメラとレンズ:OLYMPUS OM-1
M.ZUIKO DIGITAL ED 12-40mm F2.8
設定:F2.8 1/1000秒 ISO2000

「ペンギンの動きを観察して前述の解説にある、飛び出すような場所にあらかじめピントを合わせて待機する、置きピン（P127）で撮影しました。ですので何百枚もシャッターを切った中での1枚です」（虫上さん）

\ペンギンのエサ！/

## ナンキョクオキアミ

（名古屋港水族館）

**DATA**

カメラとレンズ:OLYMPUS OM-1
M.ZUIKO DIGITAL ED 40-150mm F2.8
設定:F2.8 1/100秒 ISO1600

「水槽がライトアップされており、撮影すると背景が真っ黒になりやすく主役が浮かび上がっていいのですが、それだけでは説明的な写真になってしまいます。そこで、明るい望遠レンズを使用し、手前や背後の浮遊物を取り入れてファンタジックに表現しました」（虫上さん）

# 6章

## ペンギン雑学

ペンギンにまつわる小ネタをジャンルレスでご紹介します。
おもしろしぐさ、人気施設の展示の秘密など、
ペンギンがさらに大好きになること間違いなし!?

その**01**

## 一途じゃないの？ ペンギン浮気・不倫事情

名古屋港水族館では、ペンギンの浮気・不倫調査に注力中。ジェンツーについては「自分の巣でペア相手のオスが別のメスと交尾をしているのをペアメスが発見したときに体当たりで追い払っていました」との報告が！ ペンギン＝一夫一妻制という説はすでにくつがえされていた？

オスオスペアのペンギンが浮気未遂!?ジェンツーペンギン55番の本性とは!?
FLY フライデー DAY
スクープ激撮！
飼育係驚愕！
ジェンツー248番！
複数のペンギンと関係をもつ衝撃のスクープ映像！
★飼育係激白★
エンペラーからの
急所急襲！
その破壊力とは・・・
2022年　創刊号
特別価格　500
巻頭グラビア
エンペラーペンギン
換羽で手に入れた艶やかなボディ
張り込み飼育係
ジェンツー187番（♂）と謎のペンギン「X」
嫁の居ぬ間に濃密密会！そして訪れる修羅の場！
もう短足とは言わせない
実はペンギンの足は
ペンギンの個体識別を
あなたの推しペンは!?
オスとメスで交尾が交代!?
飼育係が見た興味深い
アデリーペンギン
たちの仁義なき戦い
ペアをめぐる
愛の三角関係
名古屋港で見られるペンギンは
エンペラー、ジェンツー、ヒゲ、
アデリー、ケープだけじゃない!?
意外と見つかる隠れペンギンを
★飼育係が検証
ギャーギャーうるさい
ヒゲペンギンの
アラームにしたら
起きられるか！？
祝巣立ち!!袋とじ
キュン死必至!!
飼育係が撮った
ヒナの姿大公開！
ペンギン水槽で見つけたものでDIY！

名古屋港水族館公式サイト内「スタッフブログ」で詳細レポート中！

ペア同士に同じ文字をマーキングし、行動観察を行う。

写真2点とも名古屋港水族館提供

その**02**

## 愛があったら 性別なんて！？

ペンギンはオスとメスの一夫一妻制が基本ですが、野生・飼育下ともに同性ペアは存在。名古屋港水族館では、ジェンツーのオス同士に別ペアのメスが産んだ卵を抱いてもらったことも。

アメリカのセントラルパーク動物園では、ヒゲペンギンのオス同士が他のペアから預かった卵を孵化させました。

写真は名古屋港水族館提供

その03

# ペンギンの飼育水は海水？　真水？

ペンギンは陸上でも生活しますが、海で泳ぎ魚やイカなどをとる「水陸両用」の動物です。

水族館や動物園で飼育されるペンギンのためには陸上部分とプール部分を設置することがほとんどです。

さて、その水、真水、海水のどちらだと思いますか？

正解は、どちらも！

海に近い水族館や動物園の場合は、海水をプールに引き入れて使うことができます。海から遠い園館の中にも、毎日本物の海水を運んで使用するところもあります。ただし、多くの場合、消毒をしてから使うようです。人工海水を使うところもあります。

真水を使う施設も少なくありませんが、海水から摂取できるはずのナトリウムが欠乏するリスクが指摘されています。ヒナへの吐き戻し給餌時に、胃液に含まれるナトリウムも同時に失われることなども理由の一つ。さらに、「真水プールより海水プールのほうがペンギンが長い時間泳ぐ」といった報告もあります。

ただし、ナトリウム欠乏症は深刻な問題ではないという考えもあり、真水でも飼育・繁殖好調な園館も少なくありません。

プール面積や深さ、清潔さなど、そのほかの観点も重要視しながらペンギンの幸福を考えてあげたいですよね！

ペンギン自身はどちらでも楽しそう？

## その04 フリッパーの付け根のリングは何？

熟練の飼育員はバンドなしでも識別できる！

ペンギンを外見で見分けるのは至難の業。多くの園館ではフリッパーの付け根に「フリッパーバンド」と呼ばれる標識を付け、個体識別をしやすくしています。

園館ごとにシステムはさまざまですが、右か左か、色は何かといったことで性別や年齢などがわかるようにするケースが多いようです。番号や記号を書くこともあります。

## その05 ペンギンの卵をゆでたらどうなる？

「寒冷地にすむジェンツーの卵をゆでると、白身が半透明で黄身が透けたゆで卵になる」というネット記事がありました。ジェンツーの卵の卵白には、ペナルブミンという不凍たんぱく質が多く、これが透明になる要因とか。温暖地のケープではどうか？と、マリンワールド海の中道の飼育員が発育不全の卵で試したところ、やはり透明感のあるゆで卵になったそうです。「寒冷地に生息する祖先から進化したので、ペナルブミンを作る能力があるのだろう」との推測でした。

写真はマリンワールド海の中道提供

## その06 ペンギンの皮膚のハイテク保温性能

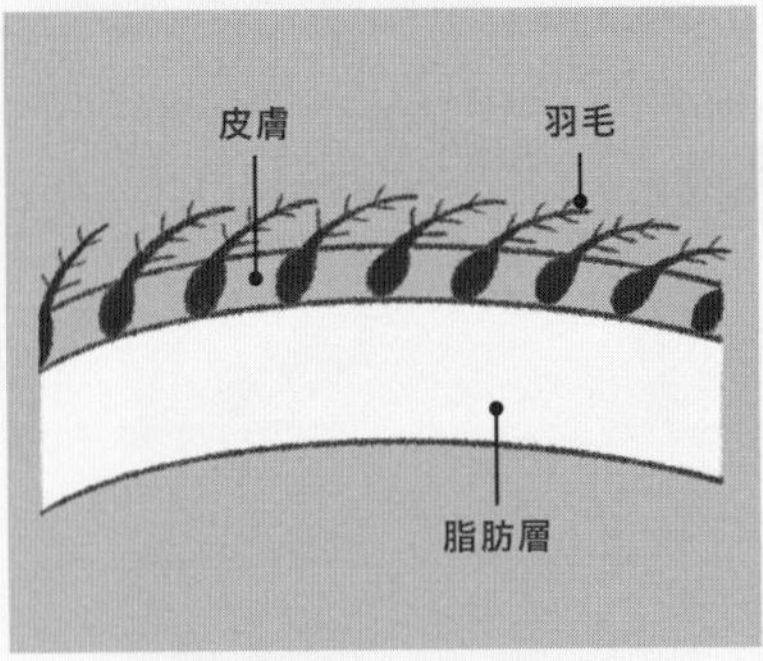


ペンギンの皮膚の断面図

ペンギンの羽毛は密集して生えており、水に濡れると1枚の布のようになって体を覆います。これには冷たい海水で体温を奪われないようにする効果があります。また、寒さや恐怖などで立毛筋が収縮すると、皮膚が鳥肌のようにぶつぶつになり、空気層を作って保温する効果もあるのです。

## その07 動物園などで見かける あの募金箱って？

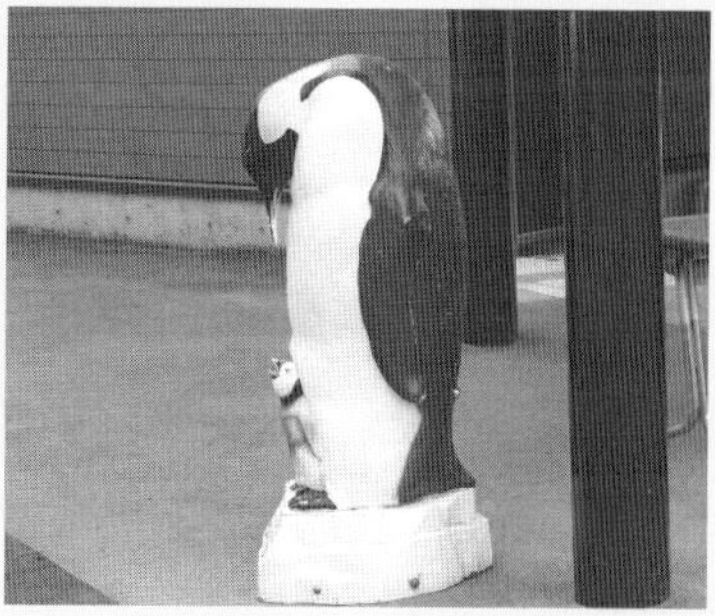

エンペラーの親子がモチーフ

国内の動物園・水族館などで構成される公益社団法人「日本動物園水族館協会」（略称ＪＡＺＡ）。同団体は、野生動物保護活動を目的とし、２０００年から募金箱を園館に設置。「多くの園館にいるから」ということでペンギンのデザインになったそうです。

## その08 ペンギンは小石を飲んでいる？

ペンギンは小石を飲み込み、胃にたくわえることがあります。これまでに、１羽のジェンツーの胃から、直径2～3センチの石が65個も出たという記録があるほど。一部の鳥類も同じく胃の中の小石で、エサを消化しやすく砕くことがあります。また、飲んだ石を重しにして水中深く潜るなど、諸説あります。今後の研究による解明が楽しみです！

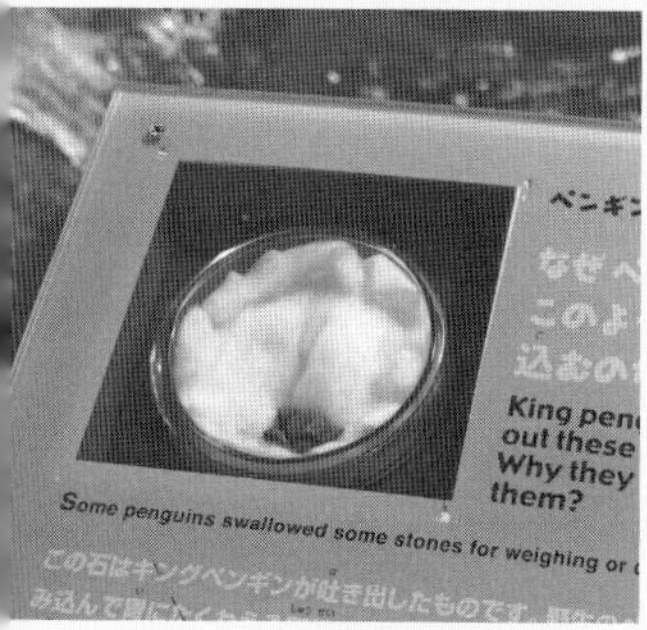


長崎ペンギン水族館に
ペンギンが飲んだ石の展示あり。

## その09 巣材の一部として カフェのごみが大活躍

ペンギン飼育もSDGsの時代

２０２２年、福岡市動物園に新しい展示施設「ペンギンエリア」が誕生。ダイナミックな泳ぎや陸上での巣作りなどが観察できます。

市内のカフェで使用した草ストローを洗浄消毒し、巣の材料として再利用するという取り組みを行なっています。気に入ったストローを運ぶ様子がかわいい！

その10

# 見られたらラッキー！おもしろしぐさ集

**ペンギン交尾**

オスがメスの上に乗って総排泄腔を合わせます。

**パタパタ求愛**

「あなたが好きです」と、主にオスがメスに抱きつきフリッパーをパタパタ。

**フンボルギーニ**

息が続く限り声を張り上げて大声鳴き。かわいいのに声は野太い！

**ジェンツー足裏**

片足立ちになって頭をカキカキすると、かわいい足の裏が丸見え！

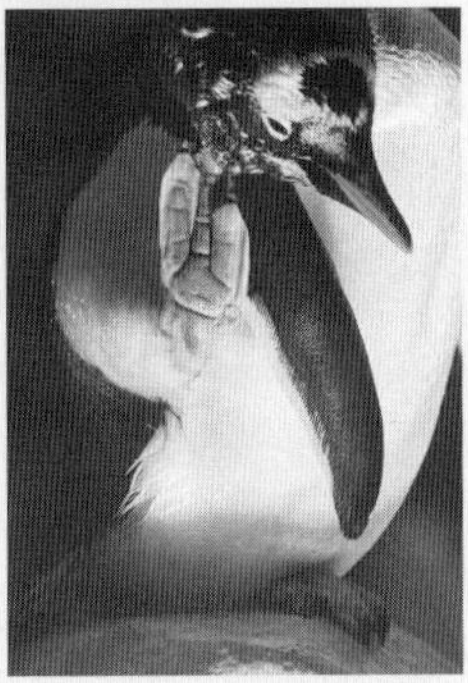

**4本足歩き**

あれ、いつから4本足だっけ？　そう、丈夫なフリッパーは足代わりにもなるのです（短時間のみ）。

**ペンギンじゃらし**

水槽のガラス越しに指を追いかけることがあります。若い子はネコのようにじゃれてくる！

**ペンギンドリル**

体をドリルのように震わせると、超撥水ボディから水が弾き飛ばされます。

**相互羽づくろい**

キタイワトビペアがお互いに羽づくろい。自分で届かないところをケアしてもらえて嬉しいのかな？

**寝泳ぎ**

自然下では海上で多くの時間を過ごすため、こんな姿勢で休むことも。飼い鳥でも片羽を下にして休むことが報告されています。

**恍惚のディスプレイ**

オスとメスが大声で鳴き交わし。ペアの絆を深める行動です。多くの種がしますが写真はフンボルト。

**キング足上げ**

かかとで着地しつま先をちょこんと上げるのは休憩の一種でしょう。

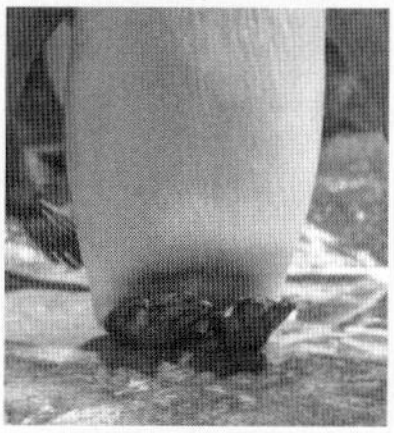

**おじぎジェンツー**

「ごめんなさい」と謝っているのではなく、求愛行動の一環。

**巣材運び**

飼育場に植物を植えたところ、大好評。巣に運び入れる様子が愛らしい！

**キタイワトビの恍惚ディスプレイ**

恍惚のディスプレイのキタイワトビペンギンバージョン。冠羽が揺れて大迫力！

**フンボルト交尾寸前？**

フンボルトペアの求愛。このまま盛り上がって交尾をするかもしれません!?

## その11 日本の水族館の中にフンボルトの重要繁殖地！

山口県にある下関市立しものせき水族館「海響館」の中に、野生の生息地の再現にこだわった「フンボルトペンギン特別保護区」という展示エリアがあります。フンボルトの重要な生息地の環境を再現し、チリ国立サンティアゴ・メトロポリタン公園より同種の生息域外重要繁殖地として指定を受けています。

土を敷き詰め、プールに波を作るなどして、野生に近い環境を再現。

## その12 ペンギンモドキを知っている？

我孫子市鳥の博物館所蔵標本を筆者が撮影

ペンギンモドキは、約2000～3000万年前に生息していたとされる水鳥。その名前の通り、ペンギンに似た特徴があり、前足の骨が偏平で水中で羽ばたいて泳ぐのに適していました。

「我孫子市鳥の博物館」（千葉県）に骨格復元模型が展示されています。

## その13 ペンギングッズ集めという豊かな趣味

写真は筆者私物の「世界一むずかしい!? フンボルトペンギンのカードゲーム」（2022年3月15日発売）。東武動物公園の26羽のフンボルトが描かれたトランプで、ペンギン個体識別神経衰弱も楽しめます。

最近はペンギン雑貨専門店やペンギングッズだけを扱うハンドメイドイベントもあり、活況です。

## その14
# ペンギンのハズバンダリートレーニング

「当館では体重測定はほぼすべての個体ができ、体重計を地面に置くと、我先にと体重計に乗ってくるほどなんですよ」と下関市立しものせき水族館「海響館」の進藤英朗獣医師。

ペンギンが体重計に乗っていますが、なぜでしょう？　実は、水族館スタッフが意図して仕向けたものなんですよ。

ペンギンが体重計に乗ったらエサを与えることを繰り返すと、自ら乗るようになります。こうするとスタッフが体重測定のたびにペンギンをつかまえる必要がないため、お互い安全で、いつでも体重が測れるようになり、ペンギンの健康管理に役立つのです。

体重測定のほか、主に健康管理につながるようなトレーニングのことをハズバンダリートレーニングと言います。ハズバンダリートレーニングで最も重要なのは、さまざまなことに対して怖がらないようにする（＝慣れさせる）ことです。環境や器具に少しずつ慣れさせるために、近づけたり、触れさせたりしたら、同時にエサを与えるなどペンギンが喜ぶことをしてあげることで、「嫌なことではない」と理解させていきます。

このトレーニングにより、趾瘤症のチェックや爪切り、採血や心電図検査などができるようになります。

トレーニングの結果、保定せず、電極をフリッパーの付け根などに設置し、心電図も取れるように。興奮させることなく計測できる。

チリのアルガロッボ（フンボルトペンギンのコロニー）での個体数調査。1992年

その**15**

# 好きから保護へ 今すぐできるペンギン保護活動

南アフリカ、ボールダーズビーチにて、野生のケープペンギンと海水浴客が自然に出会う浜辺。「今はもう、このような交流はできません」と、監修の上田先生が理想とする情景です。1994年。

## ペンギンの絶滅危惧状況

ペンギンは世界に6属18種が生存しており、そのうち10種が絶滅危惧種に指定されています。ペンギンの絶滅リスクを示す指標の一つが「IUCNレッドリスト」です。これは、国際自然保護連合（IUCN）が絶滅のおそれのある野生生物をリスト化したものです。

IUCNレッドリストでは、以下のようなカテゴリーがあります。

- **深刻な危機**（**CR**）—野生で極度に高い絶滅のリスクに直面していると考えられる場合
- **危機**（**EN**）—野生で非常に高い絶滅のリスクに直面していると考えられる場合
- **危急**（**VU**）—野生で高い絶滅のリスクに直面していると考えられる場合
- **準絶滅危惧**（**NT**）—近い将来、絶滅危惧のカテゴリーに合致する、あるいはすると考えられる場合
- **低懸念**（**LC**）—絶滅危惧のカテゴリーの要件を満たしていない場合
- **データ不足**（**DD**）—十分な情報がないため、分布状況や個体群の状況にもとづいて絶滅のリスクを直接的にも間接的にも評価できない場合

チリのイスラ・パハロス島のフンボルトペンギン繁殖地への上陸調査。1992年

## 日本にいるペンギンは？

本書で紹介したペンギン12種の絶滅リスクは次のように評価されます。※2023年3月現在。

- **エンペラーペンギン**：準絶滅危惧（NT）
- **キングペンギン**：低懸念（LC）
- **アデリーペンギン**：低懸念（LC）
- **ヒゲペンギン**：低懸念（LC）
- **ジェンツーペンギン**：低懸念（LC）

チリのカチャグア島の繁殖地調査。フンボルトペンギンの繁殖地。1992年。

チリ、チャナラル島のフンボルトペンギン・コロニーの上陸調査。20メートルの断崖にかけられた木製梯子を登ってたどり着く。1994年

ニュージーランド、バンクス半島のハネジロペンギン（コガタペンギンの亜種）のコロニーにて植樹活動を実施。1995年

- **マカロニペンギン**：危急（VU）
- **キタイワトビペンギン**：危機（EN）
- **ミナミイワトビペンギン**：危急（VU）
- **フンボルトペンギン**：危急（VU）
- **ケープペンギン**：危機（EN）
- **マゼランペンギン**：低懸念（LC）
- **コガタペンギン**：低懸念（LC）

数年のレッドリストの推移を見ると、リスクが低減しているものもあり、環境保護などの取り組みのおかげ？ などと思いそうになりますが、そうではありません。

「特に、ジェンツーは18種中唯一個体数が増えていますが、その原因やメカニズムはまだ解明されていません。地球温暖化がジェンツーにとって有利に働いているのでは？ という説もあります。また、今まで発見されていなかったコロニーが発見されることも多く、特にエンペラーやアデリーの場合、新発見のコロニーの個体数が加えられることで『見かけ上総個体数が安定したり微増したり』することが知られています」と上田一生先生が教えてくれました。

チリのペンギン研究者ブラウリオ・アラヤ博士の活動を支援。1992年。

## ケープとイワトビを救おう

現在、もっとも絶滅リスクが高いペンギンは危機（EN）のカテゴリーのケープペンギンです。

ケープペンギンは、アフリカ大陸唯一のペンギン。しかし、過剰漁業や気候変動によってエサが減少し、また油汚染や外来種の侵入なども脅威となっています。熱心な保護活動が行われていますが、15年後に絶滅するおそれも指摘されています。

あなたにも、今すぐできることがあります。南アフリカで長年にわたりペンギンをはじめとする海鳥の保護・救護活動をしている民間団体＝南アフリカ沿岸鳥類保護財団（略称SANCCOB）のサイトなどにアクセスして、現地の最新情報を確認し、募金、ボランティア活動などを行うことなどです。

また、ケープ以外でも、注視すべき種は、キタイワトビとフンボルトです。キタイワトビは繁殖地が限られているため、主要なコロニーが重油汚染されたりすると一気に個体数が減少する心配があります。フンボルトは、漁網による混獲や主な食べものであるカタクチイワシの乱獲によって、急速に個体数が減少しています。

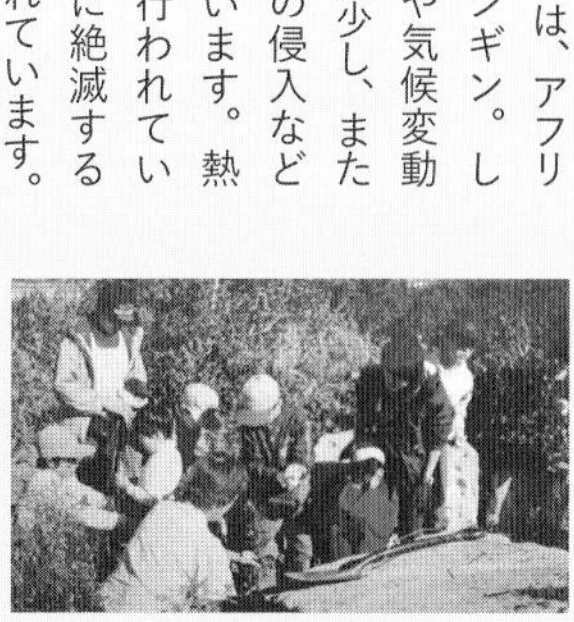

ニュージーランドでの「ペンギン・エコツアー」の様子。キガシラペンギン保護区での見学とお手伝い。1996年

こうしたことを知った上で水族館や動物園に出かけ、ペンギンたちが直面している困難や危機に思いを馳せてみてください。ペンギンほか地球上の生き物と共存する方法を模索し、ペンギンの未来を明るいものにしましょう！

その16

# ペンギン会議に参加しませんか？

「ペンギン語の翻訳に挑戦！」というクラウドファンディングを達成させ、3,369,000円を調達。

ペンギン会議の詳細は「ペンギン大学」サイトでチェック！

本書の監修をしてくれた上田一生先生は、「ペンギン会議」を主催しています。ディープなペンギンファンでも知っているようで知らない、成り立ちと活動の内容について、改めてお聞きしました。

**—ペンギン会議とは、どんな組織体なのでしょうか？**

**上田先生：**1990年に発足し、最初の10年ぐらいは日本各地で地区会議や研究発表を行っていました。また、毎年、チリやニュージーランドなどでエコツアーもやっていました。

**—本業の学校の先生として勤務しながら、そのような活動を行っていたのですか？**

**上田先生：**もちろんです。非常に頻繁に会合などのイベントを行っていました。そのうちに、1年に1回全国大会を行うようになりました。コロナ禍になってからはオンラインが主体です。将来的には対面とオンラインのハイブリッド開催を目指しています。

**—最後のリアル開催はいつでしたか？**

**上田先生：**2019年の2月。人が集まることへの大きな批判がまだなかったころ、長崎で全国大会を開催しました。350人ぐらい集まりました。

横浜で開催された「フンボルトペンギン保護国際会議」。1996年。

福岡市動物園などのペンギン展示の監修も手掛ける。

**—多いですね！**

**上田先生：**東京の会場であれば420～430人は集まります。

**—長崎というと、長崎ペンギン水族館ですね。皆さんで訪問されたんですか？**

**上田先生：**そういうツアーはやらなかったんですけども、希望者は案内しました。大きな会場を借りて、そこでやりました。

**—どんな内容だったのでしょうか？**

**上田先生：**ペンギン会議は基本的に2日間です。1日目は完全にオープンの会で、誰でも参加OKです。例えば小学生にも発表してもらったことがあります。2023年9月は、フンボルトペンギン研究の第一人者であるアレハンドロ・シメオネ博士がリアルタイムでチリからオンライン参加してくれる予定です。

**—現役飼育員なども参加なさるのでしょうか？**

**上田先生：**はい。彼ら彼女らは自分が飼っているペンギンの生息地を実際に見て、帰国してから施設を改修したり、解説に活かしたりなどしてくれました。

**—確かに、今でこそ解消されつつありますが、ペンギンイコール南極イコール背景は白の氷のような展示が少なくありませんでした。**

**上田先生：**フンボルトペンギンの生息地には雪も氷もないわけですよ。

**—これまでの活動の中で、印象に残っていることを教えてください。**

**上田先生：**1996年に、横浜の会場で「フンボルトペンギン保護国際会議」を開催しました。中南米や欧米などから18人の研究者などを招きました。それが基本になって、フンボルトペンギンの保全体制が国際的にできあがりました。

**—ペンギン会議の活動の意義は大きいですね。**

**上田先生：**飼育においてもっとも大きな実績は、ペンギンの血統登録ですね。当時、血統登録はゴリラ、ゾウ、キリン、パンダなどの希少種、つまり全国でも数頭～数十頭しかいない動物種だけを対象にしていたので、ペンギンでも血統登録を実施してほしいと日本動物園水族館協会にお願いしました。

野生個体群の保全と飼育技術の向上が、ペンギン会議の主目的です。これに賛同してくださる方々のご参加を心からお待ちしております。

# おわりに

最後までお読みいただき
ありがとうございました。

ご協力いただきました
皆様に御礼申し上げます。

ペンギンは見ても、撮っても最高。

知るほどに奥深く、
最後まで楽しく本作りを楽しみました。

お気に入りのペンギンや施設が見つかったら
ぜひ、年間で通ってくださいね。
そうすれば、まるで親戚の子の成長を
見守るような気持ちで
観察が楽しめるはず。
「いつも心にペンギンを」の精神で
ちょっとつらい日々も乗り切りましょう！

＼ おまけ ／

# ペンギン当てクイズ！

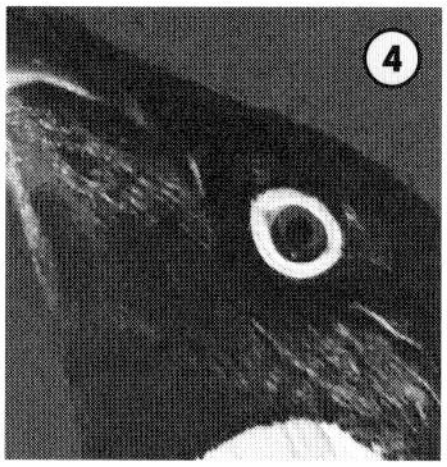

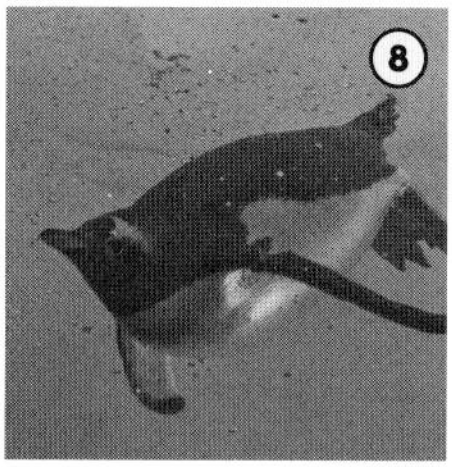

【答え】
①フンボルトペンギン　②キタイワトビペンギン　③マゼランペンギン　④アデリーペンギン　⑤キングペンギン　⑥ケープペンギン
⑦エンペラーペンギン　⑧ジェンツーペンギン　⑨マカロニペンギン　⑩ミナミイワトビペンギン　⑪ヒゲペンギン　⑫コガタペンギン

## 著：木村悦子

上智大学卒業後、出版社3社勤務を経て編集事務所「ミトシロ書房」を開業。雑誌・書籍・Web記事の編集・執筆を行い、写真も撮る。水族館取材をきっかけにペンギン愛好の道へ。制作に参加した最近のヒット作は『水族館めぐり』(G.B.)。

## 監修：上田一生

ペンギン会議研究員(創設メンバー)。IUCN・SSC・PSGメンバー。40年以上ペンギンの調査・研究・保全活動を続ける。葛西臨海水族園、長崎ペンギン水族館、下関市立しものせき水族館「海響館」、埼玉県こども動物自然公園、天王寺動物園、京都水族館、すみだ水族館、福岡市動植物園、上越市立水族博物館などの動物園・水族館の監修を手がける。『ペンギン大全』(青土社)ほか、ペンギンに関する著書・訳書多数。
http://www.penguin-ueda.net


| | | |
|---|---|---|
| STAFF | 撮影 | 虫上　智<br>横山君絵 |
| | イラスト | きゅう<br>ソネタフィニッシュワーク(解剖図) |
| | デザイン・DTP | monostore(酒井絢果) |
| | 進行・編集 | 荻生　彩(グラフィック社) |

**日本で会えるペンギン全12種**
**パーフェクトBOOK**

2023年6月25日　初版第1刷発行
2023年7月25日　初版第2刷発行

著　者　木村悦子
監　修　上田一生
発行者　西川正伸
発行所　株式会社グラフィック社
〒102-0073　東京都千代田区九段北1-14-17
TEL 03-3263-4318(代表)　FAX 03-03-3263-5297
振替 03-00130-6-114345
http://www.graphicsha.co.jp/

印刷・製本　図書印刷株式会社





ISBN 978-4-7661-3720-0　C0045